# 茶树栽培基础知识与技术问答

王国镒 编著

金盾出版社

# 内 容 提 要

本书由福建省茶叶学会常务理事王国鑑编著。全书以问答形式介绍了茶树的生物学特征和环境条件,茶园土壤管理与施肥,茶树的灌溉,茶树修剪,茶叶采摘以及茶树病虫害防治等内容。文字通俗易懂,技术先进可靠,措施经济实用,适合全国各茶区茶树的栽培。可供茶叶生产者和技术人员,大专院校相关专业师生阅读参考。

**图书在版编目(CIP)数据**

茶树栽培基础知识与技术问答/王国祐编著.—北京:金盾出版社,2006.3
ISBN 978-7-5082-3967-5

Ⅰ.茶… Ⅱ.王… Ⅲ.茶属-栽培-问答 Ⅳ.S571.1-44

中国版本图书馆 CIP 数据核字(2006)第 014188 号

**金盾出版社出版、总发行**
北京太平路 5 号(地铁万寿路站往南)
邮政编码:100036 电话:68214039 83219215
传真:68276683 网址:www.jdcbs.cn
封面印刷:北京精彩雅恒印刷有限公司
正文印刷:北京四环科技印刷厂
装订:海波装订厂
各地新华书店经销
开本:787×1092 1/32 印张:3.75 字数:82 千字
2009 年 6 月第 1 版第 4 次印刷
印数:23001—31000 册 定价:6.50 元

# 前　　言

　　茶叶是人们日常生活中的健身饮品,是世界三大无酒精饮料之一,深受广大消费者欢迎。中国是茶叶的故乡,茶文化源远流长,茶叶是中国的传统出口产品,深受世界各国消费者的青睐。因此,发展茶叶生产在"三农"工作中受到高度重视。

　　作者积 30 多年从事茶叶生产、教学工作之体会,总结了茶叶栽培中的基础知识与一些相关实用技术。相信这本小册子对基层茶叶工作会有所裨益。

　　由于本人水平所限,汇集编写的问答必有不当和不妥之处,敬请同行、读者给予批评指正。

编 著 者

2006 年 1 月 20 日

# 目　　录

# 1. 我国茶叶在世界上具有哪些特殊地位?

我国是茶的原产地。自古以来,茶叶是我国重要的特产之一,亦是我国历史上传统出口商品,曾经在国际茶叶市场上占统治地位。早在公元 1610 年,荷兰人首先从我国运茶到欧洲,到 1886 年,茶叶的出口量已达 1.34 万吨,占当时世界贸易量的 90% 以上。

历史上我国不但出口茶叶,而且曾向许多国家提供了茶籽和栽茶技术。公元 805 年,日本僧人到我国浙江学佛,回国时携带茶籽回去种植,这是国外种茶的开始。在 18～19 世纪,随着我国人民和世界人民的交往增多,我国茶叶又先后传入印度、斯里兰卡等国,目前世界约有 50 个产茶国,都直接或间接地从我国引种和引进技术。

我国茶业种植区辽阔,产茶历史悠久,对世界茶叶生产和科学种茶技术的发展有极大的贡献;在长期的茶叶生产过程中,培植了丰富多彩的茶类,是世界上茶类花色品种最丰富的国家。目前,我国生产的茶类有:绿茶、红茶、乌龙茶、黑茶、黄茶、白茶 6 种,以及再加工的花茶、紧压茶等。

此外,我国茶树品种资源丰富,已发掘的品种或类型约有600 余个,经鉴定可供生产上推广应用的国家级良种有 77个,还有近 100 个新选育出的新品种、新品系,可供区域试验和试种。

# 2. 为什么说茶叶是价廉物美的健康饮料?

茶叶是人们生活的必需品,常与柴、米、油、盐、酱、醋并提。尤其是我国的边远牧区、食用肉乳类较多的兄弟民族需要它，有"宁可三日无粮，不可一日无茶"之说；而且在全国，人们日常起居、饮食、应酬中亦离不开茶叶。每当人们劳动之余，一杯香茶在手，既可唇齿留芳，止渴生津，又可宁神爽身，消除疲乏。尤其在人们交往中，客来敬茶更是传统的礼节，成为日常款待宾客的必备饮料。

根据现代科学研究发现，茶叶中含有600余种化学成分。这些成分，从营养价值来说，有蛋白质、氨基酸、糖类、维生素类和矿物质；在药用、保健作用方面，有咖啡碱、多酚类及芳香类物质，既能兴奋中枢神经，提神益思、杀菌消炎、利尿解毒和强心降压，又能止渴生津、消食除腻、消除疲劳、减肥健身、防癌却病、抵御辐射、和胃清肠、固齿除臭和延缓衰老，且茶叶中的芳香物质使茶叶具有特有的香味，饮之清香适口，给人以美的感受。再者，从商品的价格来说，茶叶价格在咖啡、可可三大饮料中比较低廉，且耐泡、用量少，故在饮料中，它堪称价廉物美的"健康饮料"。

## 3. 为什么茶叶又称为"美容茶"？
## 对口腔有何保健作用？

饮茶有减肥作用。早在我国唐朝《本草拾遗》就写道："茶久食，令人瘦，去人脂"。而随着现代科学的发展，发现茶叶中含有芳香族化合物，能溶解脂肪，帮助消化，对人体类脂化合物、胆固醇、三酸甘油酯有降解作用。因此，当过食油腻或肉乳类后，胃肠有胀闷、烦腻的感觉时，只要饮上一杯浓茶，就会顿觉除烦去腻，感到舒适。所以，人们日益视茶叶为减肥珍品，誉为"美容茶"。

茶叶又是一种口腔卫生剂。由于茶叶中的维生素 C、芳香油和茶多酚都有药理作用，每天起床后，如果感到口干舌苦，这时饮上一杯早茶，即可除去口中粘液，消除口臭，同时增强了食欲，所以我国谚语道："清晨一杯茶，饿死卖药家"。

此外，据国内外近年研究，茶叶中含有较丰富的氟，是高氟食品。而氟化物是人体牙齿的构成成分，有预防蛀牙的作用。因此，儿童、少年喝茶，可使蛀牙明显减轻，对未得蛀牙的有预防作用，对已蛀的牙有医治作用。所以，现在日本提倡饭后一杯茶，当作防止蛀牙的一项保健措施。

## 4. 茶树对气候条件有什么要求？

茶树的生长发育与外界环境条件有着密切的关系。在长期的系统发育过程中，茶树以相应的外界环境因素作为适生条件。

**(1) 温　度**

茶树喜温暖，它一年中生育期的长短，主要是由温度条件支配着。一般认为适宜茶树经济栽培的温度，是在年平均气温 13℃ 以上，以 15℃～30℃ 为适宜；10℃ 以上年有效积温在 3 500℃～4 000℃；乔、灌木型茶树能忍耐的绝对最低温度为 −6℃～−16℃；最高临界温度为 45℃，但一般气温 35℃ 以上，生长便会受阻。

**(2) 湿　度**

茶树喜湿，但又怕涝。最适年降水量 1 500 毫米，雨量要求分布均匀，且生长季节日降水量需在 100 毫米以上。茶树要求空气相对湿度要高，以 80%～90% 为好，如果降到 50% 以下，生长会大受影响。茶园土壤湿度要适当，以土壤相对含水量70%～80%为宜,水分降到50%或超过90%,都会对茶树生长造成困难或导致死亡。

**(3)光　照**

茶树是耐阴植物,适宜生长在漫射光为主体的环境中。光质中以光波短的蓝、紫光为宜。

## 5. 为什么茶树喜酸性土壤?

茶树是一种对环境适应性很强的木本植物,但在长期系统发育过程中,形成了耐酸的习性,土壤酸碱度是茶树能否生长和夺取茶叶高产、优质的限制因素。

茶树之所以对酸性敏感,其原因大致有:一是茶树是菌根植物,它的根系与菌根共生,而菌根只宜在酸性土壤中生活,若在碱性土壤中则受到抑制。二是茶树为嫌钙作物,土壤中氧化钙含量超过2‰时,就有碍茶树生长。而酸性土壤多分布在温度高、雨量多的地区,钙的淋失作用大、含量低。三是茶树是喜铝作物,土壤活性铝超过100毫克/千克时,对一般作物有毒害作用的,但茶树植株含铝可以高达1‰左右,显然比其他植物高得多。而土壤中铝的含量随着土壤pH值增高而降低,当土壤中pH值达6以上时,铝含量极少,甚至没有。四是由于茶树长期生长在有效磷含量很低的红、黄壤中,因而造成根汁中磷酸含量低,偏酸的土壤使茶树根汁内含有多种有机酸,这些有机酸组成的汁液对酸性有缓冲作用,适应了酸性土壤环境。

## 6. 根据茶树根系特性,茶树对土壤有什么要求?

从茶树各器官相关情况来看,要使茶树地上部生长得好,首先必须让地下部根系长得好。而茶树根系生长状况受环境条件的影响变化很大。研究材料证实,茶树根系在土壤中分布的规律与茶树根系本身具有喜酸、趋肥、忌渍水以及根系具有显著表层性,分布深度为 10~30 厘米,根幅位于 20~30 厘米为主的特性有关。因此,高产的基础是农业土壤。

土壤是茶树生长的场所,供应、调节着茶树生长发育中水、肥、气、热等生活条件,所以土壤是否适宜茶树生长,是关系到能不能发展茶叶生产的决定因素。生产中根据根系特性,选择茶园土壤是主要的选项。

第一,酸性土壤,pH 值一般为 4.5~6.5,并以 4.5~5.5 为最适宜。

第二,土层深厚、土质肥沃、有机质和养分含量较高,表土层有机质要大于 1%、全氮 0.1%以上。

第三,地下水位 1 米以下,粘砂适度,结构良好,土壤通气好,蓄水能力强,排灌方便的砂质壤土。只有土壤条件适宜,才能使茶树根深叶茂、本固枝繁。

## 7. 为什么高山云雾出好茶?

高山云雾出好茶,这是人们在长期生产实践中逐步认识到的。云雾山中的绿茶,香气高、滋味浓厚、鲜爽、品质好。究其原因,主要与高山生态因素有关。因为处于一定海拔高度的茶园:山高林茂、云雾缭绕、雨量充沛、空气潮湿、漫射光多,形成了独特的生态条件,造成那里的土壤深厚肥沃、日照时间短、相对湿度大,茶树长年生长在荫蔽高湿的环境里,朝夕饱受雾露的滋润,符合了茶树喜温、喜湿、耐阴的生育特性;加上高山昼夜温差大,白天合成的光合产物多,夜间呼吸作用较弱,从而提高了鲜叶的有效成分含量;且由于漫射光中以光波短的蓝紫光为主,既促进亦有利于提高茶叶内的咖啡碱以及含氮芳香物的形成和积累。由于茶树生长在这样优越的生态条件下,因而茶树芽叶肥壮、叶质嫩软、白毫显露,为绿茶的品质优良提供了物质基础。但山高超过一定范围,温度、雨量、湿度开始下降,引起茶芽生长慢,冬季易霜冻,且引起交通运输、茶园管理诸多困难,所以亦不是山越高茶就越好。

## 8. 茶树植株形态与树冠形态各有几种类型?

茶树植株在非人为控制下,一般形态类型有乔木、半乔木和灌木状,其区分的原则主要是按照有无主干或主干明显的程度。凡主干明显、分枝部位高、枝叶稀疏、自然树冠高大,树高3~5米以上者为乔木,这类茶树为较原始的类型;灌木状者系进化类型,没有明显的主干,树冠多较矮小,树高仅1.5~3米,分枝多由根颈处分出,且较稠密,生长能力强,适应性广,为目前栽培最多的茶树;半乔木状者,介于乔、灌木之间,如云南大叶种、政大、水仙等,这类茶树含有较多的多酚类物质,故多适制红茶(图1)。

茶树的树冠形态由于分枝角度与分枝习性不同,通常分为直立状、披张状和半披张状3种。分枝角度小、向上直生者为直立状,这类茶树顶端优势强,故生产上适于条栽密植与嫩摘多采。分枝角度大,斜披伸展者为披张状,如铁观音、本山

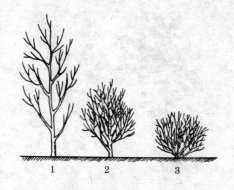

**图1 茶树植株的形态**

1. 乔木状 2. 半乔木状 3. 灌木

等,这类茶树多为矮生品种,顶端优势弱。半披张状分枝角度与性状介于两者之间,此类茶树一般由于分枝与育芽能力较强,故容易养成高产稳产树型(图2)。

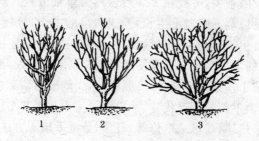

**图2 茶树树冠形态**

1. 直立状 2. 半披张状 3. 披张状

# 9. 茶树分枝习性对其生产有何意义?

茶树分枝习性一般表现为单轴分枝与合轴分枝(图3)。

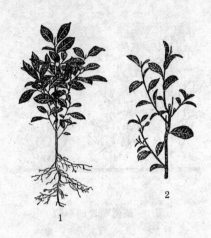

**图3 茶树分枝**

1. 幼茶树的形态（单轴分枝）

2. 在采摘情况下的合轴分枝

自然生长的茶树，一般在2、3龄以内为单轴分枝。这种分枝的特点是顶端不断向上生长，形成明显的主干，分枝较短，树体向高处生长。到4龄以后转为合轴分枝，这种分枝的特点是，主干的顶芽到一定高度便停止生长或生长很慢，近顶端的侧芽代替了顶芽的生长，形成侧枝，不久侧枝的顶芽也停止生长，继续由下部的侧芽代替，结果树冠呈现开张状态。掌握茶树的分枝规律，就可采取修剪、打顶、分批采摘等方法，有助于大量侧芽的生长，扩大树冠面和芽的密度，以提高产量。

## 10. 如何区分新梢、成熟新梢、正常新梢与不正常新梢？

所谓新梢，即为营养芽萌发而成未成熟、未木质化的嫩枝条(图4)。一般新梢较软,着生茸毛,表皮绿色。成熟新梢指新梢中营养芽生长缓慢,出现驻芽,中部叶片较大而放平,内部纤维增加,叶色转绿,体积增大者。而正常新梢即指新梢伸长到一定程度,具有了一定数量的真叶,且顶芽还有活动能力的新梢。不正常新梢系指新梢伸育期间,展开真叶不上四片出现驻芽者(图5)。

图 4　茶树新梢　　　　　　图 5　正常新梢

1. 正常新梢　2. 不正常新梢　　1. 未成熟　2. 成熟

　(A. 驻芽　B. 对夹叶)

## 11. 生产上所说的茶芽(或嫩梢)、驻芽、对夹叶指的是什么?

生产上通常所说的茶芽(或嫩梢),系指新梢上适合制茶的鲜叶;驻芽又称休止芽,是当新梢完全成熟或因肥水不足,不良环境条件下,顶芽活动能力减弱以致停止生长转入休眠状态,其形状十分瘦小者;对夹叶有的地方称摊叶,系指与驻芽连接的两片叶,其节间甚短,着生叶片形如对生。

## 12. 什么叫鳞片、鱼叶、真叶？新叶、老叶、定型叶应如何区分？

茶树的叶片分鳞片、鱼叶、真叶（图6）。

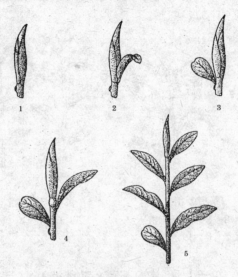

**图6　茶芽萌发过程**
1. 芽膨大　2. 鳞片展　3. 鱼叶展　4、5. 真叶展

鳞片是幼叶的变态，外部有茸毛和蜡质，以保护幼芽生长不受冻、不受病虫侵入，且能降低芽内的蒸腾作用，鳞片呈覆瓦状排列，随着芽叶展开，很快脱落。

鱼叶是发育不完全的真叶，叶柄宽而扁平，侧脉隐而不显，叶全缘或前端锯齿不明显，叶尖圆钝，形如鱼鳍，色淡，一般每个新梢基部有1片鱼叶。

真叶系指一般正常叶，形状大小各异。

茶树叶片寿命一般约为 1 年。但叶龄随品种发生季节不同而变化较大，一般以春梢上的叶片寿命较长。茶树新叶是指当年内发生的叶片；老叶是指上年留下来的叶子，其叶色浓绿、叶质粗而硬，这种越冬老叶，对翌年春、夏茶生长发育有明显的影响，是春季新梢生长发育的营养源之一；定型叶为当年叶片成熟后，形态与面积固定者，此时定型叶茸毛脱落，叶色由浅绿变为深绿色，叶质由柔软变硬厚。

## 13. 如何区分茶树叶片形状与品种<br>类型中的大、中、小叶种？

茶树叶片的外部形态，通常是识别品种的一个标志。由于叶的长度与宽度比例不同，以及叶片最宽处的部位不同，使叶片有不同的形状。一般长宽比在 1.8 以下，叶最宽处接近基部为卵圆形、接近上部为倒卵圆形。长宽比在 1.8~2.6 之间，叶最宽处接近中部为椭圆形；长宽比在 2.6 以上，叶最宽处接近基部为披针形、接近中部为长椭圆形（图 7）。

生产中由于各品种间叶面积不同，一般又可分为大、中、小叶种。大叶种系指叶面积（以定型叶的叶长×叶宽×0.7 [常数]来表示）在 28~50 平方厘米，或叶长 10 厘米以上，叶宽 4 厘米以上者；中叶种叶面积在 15~28 平方厘米，或叶长 7~10 厘米，宽 3~4 厘米者；小叶种叶面积在 15 平方厘米以下，或叶长 7 厘米以下，叶宽 3 厘米以下者。而叶长在 14 厘米、叶宽 5 厘米以上者为特大叶种。

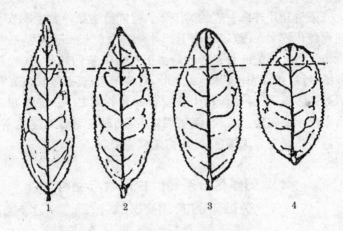

**图 7　茶树的几种叶形和叶尖形态**
1. 披针形　2. 长椭圆形　3. 椭圆形　4. 卵圆形

## 14. 茶树叶面积与叶面积指数如何计算?

　　叶片是茶树主要营养器官,它与光能利用、水分代谢和气体交换有关。通常计算叶面积的简单方法,是以定型叶的叶长(厘米)×叶宽(厘米)×0.7(常数)来表示。

　　生产上茶树群体叶面积大小与叶片生长状况与产量有密切关系。单位茶园叶片的适度繁茂和合理配置,是加强光合效率的重要特征。群体叶面积大小,通常用叶面积指数即单位叶面积上绿叶面积和土地面积的比值来表示。在一定范围内,叶面积指数愈大,利用光能效率愈高,产量也随之上升。但叶面积指数过大,枝叶互相遮荫,茶树中下部叶片光照少,呼吸作用消耗的有机物超过光合作用所积累的有机物,就会导致茶树枝梢细弱,芽头瘦小。所以,在一定范围内,叶面积指数是分析茶树高产、稳产的一个重要依据,亦是衡量群体结构是否合理的主要指标。

其计算方法：叶面积指数＝叶面积×单位叶片数/单位土地面积×10⁴。

## 15. 如何识别真假茶叶

在庞杂的植物界中，不同植物由于所属的种、属、科、目不同，所以外部形态特征各有差别。茶树属山茶科、茶属植物，这类植物由于本身具有特有的形态特征，所以可作为辨别分类的依据。

真假茶叶的区分（图 8），从叶片上看，茶叶叶缘有锯齿，一般约有20～30 对，锯齿上有腺细胞，老叶锯齿尖端的腺细胞自然脱落后，留有褐色的疤痕，叶尖先端留有一微小的缺刻，叶面上叶脉呈闭合式网状脉，主脉明显，侧脉从主脉伸出呈45°～80°角，侧脉伸展到离叶缘约2/3 处向上弯曲，呈弧形并与上方侧脉相连。幼嫩的叶芽背面有茸毛，嫩枝梗呈圆柱形，叶片互生在枝梗上。在叶片成熟过程中，茶叶叶肉内渐次出现草酸钙结晶和石细胞

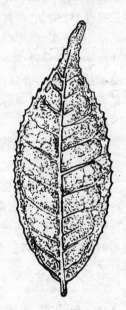

图 8　茶树的叶片

等。而不是真正的茶叶，就一定不完全具备以上的外部形态特征与内部的结构情况，如果再结合分析叶片内含物，即可识别出真假茶叶。

## 16. 一般良种茶树叶片有何特征?

茶树叶片是种茶的收获对象,又是制茶的原料。要得到品质好的茶叶,除要有好的制茶工艺外,还要有好的原料做保证。不同品种,原料状况不同。实践证明,一般良种茶树叶片上多具有如下特征:芽叶重、茸毛密而长、长势与持嫩性强、生长迅速、叶龄长、叶片大呈下垂或水平状着生、叶面隆起、富有光泽、叶质柔软、厚薄适中、叶缘呈波浪或向叶背翻转。一般叶片尖长或呈渐尖长的品种,咖啡碱含量高;叶面富有光泽的茶树,多酚类含量高;叶色特别淡,有高香的倾向;这些都是良种的一些直观标志,常应用于选种工作中。

## 17. 为什么说茶籽直播茶园变异性大?

茶树属两性花植物,但自花授粉的结实率很低,花粉粒败育现象严重,萌发率很低。所以,一般借助昆虫传粉,异花授粉。目前茶园由于品种纯度较差,不同亲本异花授粉后形成的茶籽,其后代具有复杂的遗传性,容易发生变异,所以,用茶籽直播变异性大。

## 18. 什么叫茶树个体发育周期与年发育周期?

茶树是一种多年生植物。它一生由生到死的整个生命过程称之为个体发育周期或总发育周期。与其他植物一样,茶树一生生长发育是分阶段、分时期进行的,不同时期、不同阶段对环境条件与物质要求各不一样,生育中亦表现了各自的特点。

茶树年发育周期是指茶树在一年中,从营养芽的萌发、生长、休眠以及开花、结实,一系列的生长发育过程,在这个过程中所表现的规律,称年周期特性。这种特性在不同的气候区域里有所不同;在同一气候区域里,亦随着品种及管理条件的不同而有所差异。

## 19. 茶树生育可分为几个阶段? 其特点如何?

茶树从生命开始到衰老死亡,由小到大,按生育特点并从栽培角度讲,一般可分四个阶段。

**(1)种苗阶段**

由于茶树繁殖方式有有性与无性之分,所以种苗阶段不甚一致。有性繁殖的茶树从受精卵细胞开始到播种后茶籽萌发止,大约一年多时间;无性繁殖的茶树用短穗扦插、压条等方式繁殖,从插穗的愈合、芽萌动、发根开始到苗出圃止,历时一年左右。这一阶段不仅在外部形态,而且在内部生理上发生了深刻的变化,尤其是茶籽的萌发。所以,在这个阶段不单种穗的好坏,关系到茶苗生长好坏与茶树成园投产的速度快慢,而且园地的状况,亦影响到种苗的萌发。

**(2)幼年阶段**

从茶籽萌发出土或从扦插苗移栽到树冠定型投产,一般是3~5年时间。这时期地上部与地下部的营养生长仍占绝对优势,并反映出主干与侧枝的生长矛盾。

**(3)成年阶段**

由树冠定型投产到第一次自然更新之前,即经济树龄阶段。这段时间由于肥培、采养状况不同,年限差异较大。此期特点是茶树生长旺盛、茶芽健壮、收获增多,但随着树龄增大,亦开始向旺盛开花、结实方向发展,生长势逐渐减弱,并出现自然更新现象。

**(4)衰老阶段**

由第一次自然更新到植株死亡。这一阶段产量、品质明显下降,树冠、根系明显回缩,不断产生"地蕻枝",进行自然更新。此期虽然每年也能发芽、展叶,但经济价值逐渐降低。

## 20. 如何根据茶树不同生育阶段,安排农艺措施的重点?

**(1)种苗阶段**

此期关系到茶苗生长好坏与成园投产的快慢,因此农业措施的重点,除要利用良种,选用茶籽饱满、发芽率高及扦插苗健壮外,还必须整备好土壤苗床,精心护理幼苗。

**(2)幼苗阶段**

由于此期表现主干与侧枝的生长矛盾,因此,幼龄阶段的农业技术措施重点,除应保全苗,促好苗架,增施磷、钾肥外,还要及时定型修剪,抑制主干,促进分枝,培养好树冠骨架和根系,为高产优质打下基础。

**(3)成龄阶段**

农业措施的重点,应能促使营养生长旺盛,多长叶、少结果,延长产量高峰。故着重要抓好"肥、水、采、剪"等几个方面的配套管理,同时结合若干台刈、重剪及采养结合等办法,进行适时更新复壮。

**(4)衰老阶段**

利用茶树更新特性,合理进行采养,注意复壮枝条,使其"返老还童",并结合深耕、加强肥管、更新根系,以延长茶树经济年龄,有条件的,应提倡提早改植换种。

## 21. 茶树新梢生育有什么特点?

茶树新梢是由各种营养芽发育而成的。入春以后,当昼夜平均气温稳定在 10℃ 以上时,茶芽就开始萌动。其表现过程为芽体膨大,鳞片展开,芽尖露出,鱼叶展开,接着真叶展开,直至形成一个新梢,随后伸长速度减慢,顶芽变小而成驻芽,经短期休止后又续续生育(图 9)。倘若生长期间遇到不良环境,生长停止,形成一种不正常新梢。

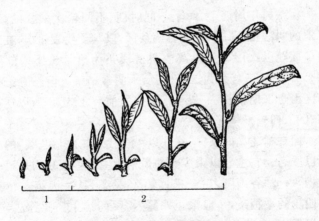

**图 9  茶树新梢伸长发育过程**
1. 萌发期  2. 展叶期

由于茶树新梢的生长发育表现的规律性与其本身固有的特性与环境条件有关。所以,茶树新梢的生育有明显的年周期性,其长短常因气候条件和品种的不同而异。在年周期中,由于生长、休止交替,形成了新梢伸育的轮次性。但一年里发生新梢轮次的多少,每轮经历时间长短以及各轮产量比重,因气候条件、培育管理及采摘制度等不同而异。一般合理的采摘，就能使轮次增加，提高茶叶产量。此外，在同一季节中，同一枝条上不同部位的芽，或不同枝条上的不同部位芽，由于发育有迟有早，生长有快有慢，因此，全株的各轮次生长并不一致，形成了新梢伸育的持续性，即茶季。同时，在持续天数的范围内，也有一定的集中性，即出现了生产上的高峰期。

## 22. 生产上春茶、夏茶、秋茶或头春茶、二春茶、三春茶如何划分？

在茶树年周期中，对于不同时期、不同轮次采收的嫩梢，各地的叫法很不一致。如有的茶区，以"春"代表轮次，在"春"的前面冠以次序。头春茶或叫首春茶为第一轮所采的嫩梢茶；二春茶、三春茶为二、三轮所采的嫩梢茶。但三春茶在低山区由于采期较长，一般可采至白露前后才结束，所以往往包括有三、四轮嫩梢。

而在福建乌龙茶区，往往以"茶"代表轮次，在"茶"的前面冠以季名。它主要以采成熟的嫩梢为主。春茶采的是第一轮嫩梢，一般"谷雨"前后开采；夏茶、暑茶、秋茶为第二、第三、第四轮的嫩梢茶，一般采至寒露、霜降间结束。此称法，一般可以看出，春茶的生产季节大致是"春分"至"立夏"；夏茶约在"立夏"至"小暑"；暑茶约在"立秋"前后至"白露"；秋茶"白露"至"霜降"。由于每季茶中，一般须经一定的间歇期，故比较易于区分。

## 23. 茶树各器官生长发育有什么相关性？其在生产上有何意义？

茶树根、茎、叶、芽、花、果各器官都有各自的生长发育过程，这些器官的生育由于树体内营养物质的供求关系和激素相互调节，所以出现了彼此互相依存、相互促进和相互制约的"相关性"现象，其主要表现如下。

**(1)地下部与地上部生育的相关**

茶树在正常生长过程中，地上部营光合作用供应根系营养，而地下部吸收水分、矿物质营养供应地上部生育，并参与茶树的代谢作用，使之地上部、地下部保持一定的动态平衡，生长量保持一定的"根冠比"。由于茶树有这种特性，所以，生产上常利用相应的技术措施，如修剪、采摘花果、肥水管理、耕作等，改变局部的营养状况，打破地上部与地下部的平衡，以达到科学栽培的目的。

**(2)营养器官与生殖器官生长发育的相关**

茶树营养器官和生殖器官在生理功能上是有区别的，但生殖器官的生长发育是在营养器官良好的生育基础上。茶树枝叶生长繁茂是高产、稳产、优质的前提，但它常与生殖器官的生长发育发生竞争养分的矛盾。如枝叶留养太多，会促进茶树的生殖生长，使开花结果增加，花果的增加，消耗了大量的养料，反过来又抑制了营养的生长；又如采摘可促进枝叶的生长、花果的相对减少，这说明营养生长会抑制生殖生长。因此，生产上对于采叶的茶园，可采用合理的剪、采或化学除花办法，达到促进营养生长的目的。

**(3)主干与侧芽、顶芽与腋芽、主干与侧根的相关**

茶树某一器官在生长的一定时期中,会出现优势的趋向,从而削弱或阻碍了其他器官的生长。因此生产上,就要采取控制优势器官,促进劣势器官的生长,以便转劣势为优势。如主干与侧芽、顶芽与腋芽,主干与侧根都有顶端优势的问题,只有去顶,才能扶持侧枝、腋芽、侧根,使其大量萌发、抽生。因此,茶树栽培中,各项技术措施的制定与实施,就应考虑到各器官相互联系和互相制约的规律,以提高科学种茶的水平。

## 24. 何谓茶树良种? 其标准有哪些?

所谓茶树良种,是与当地原有品种相比较而言。在一定地区的气候和地理条件下,能够适制某种茶类而获得良好品质,有较强抵抗自然灾害能力,并在同一栽培管理条件下,能达到高产的品种,均可称为良种。

良种的标志,通常是指在同等栽培和管理条件下,具有以下性状特性的茶树,即:采摘面大、分枝密度适中、树姿呈半开展状、长势旺;发芽多、芽叶重、茸毛多、生长势与持嫩性强;芽叶生长迅速、新梢生长期长、可采轮次多、发芽整齐;叶片大、呈下垂或水平着生、叶面隆起、富有光泽、叶质柔软;不易受冻、受旱和病虫为害,或受害较轻者。概括起来表现为高产、优质、适制性、抗逆性强等方面。

## 25. 茶树有哪些主要性状与产量、品质有相关性?

**(1)与产量相关的主要性状**

①高幅度 茶丛高幅度与单丛产量有一定关系。一般幅

度愈大,产量愈高,但高度和产量,并不一律呈正相关。

②**分枝密度** 一般来说,分枝密、芽叶多的产量高,分枝疏、叶少的产量低。但要注意亦不是分枝愈密、产量愈高,只有抓分枝数、芽叶大小、重量等适中而芽数较多的,更可能成为高产类型。

③**叶数与叶面积指数** 一般新梢上的着叶数、叶面积指数和产量之间相关度很高。

④**新梢性状** 新梢的长度、重量和展叶数与产量有关。一般新梢长而垂、展叶数多、产量高。而新梢愈长,说明再生能力强。但是,重量和数量也存在矛盾,在数量太少的情况下,重量和产量可能出现负相关。

⑤**开花结实** 一般茶树开花结实较少。花蕾愈多,产量愈低。

**(2)与品质相关的主要性状**

①**芽叶的嫩度与持嫩性** 凡芽叶嫩度高、持嫩性强的,制出茶外形紧实、品质较好。反之,则外形松散、品质差。

②**茸毛多少** 凡茸毛多的品种,其成茶白毫就多,制绿茶品质好。

③**芽叶的颜色** 一般叶色淡的宜制红茶,叶色浓的宜制绿茶,紫色芽叶制红、绿茶品质均较差。

④**芽叶节间** 节间长、茎粗壮,其毛茶梗多、精制率低。

⑤**叶片大小** 一般大叶种适制红茶,叶形长宜制眉茶,叶形较圆宜制珠茶,叶片较厚适制绿茶,较薄宜制红茶。

⑥**叶片光泽和隆起性强的** 一般咖啡碱含量较高、质优。

⑦**新梢性状** 凡新梢叶片呈水平着生、节间较长、芽叶嫩绿、茸毛多,往往品质较佳。

⑧**叶尖和叶的 R 值($R =$ 叶长/叶宽)与单宁含量的相关**

一般叶尖愈长,单宁含量愈高,且 R 值亦与单宁含量呈正相关。

## 26. 为什么在生产上要选用推广良种?

实现茶园良种化是茶叶生产现代化的重要内容之一,推广良种有如下好处。

**(1)增加茶叶产量**

茶叶产量的高低,是由单位面积内的芽数、芽重、年生长周期内长芽速度和轮次及营养生长期的长短等四个方面的因素所决定。凡良种则在单位面积内表现为芽数多、芽头重、长得快、长芽时间长等优势。

**(2)提高茶叶品质**

茶叶是一种商品,因此对品质规格有严格的要求,而品质的高低直接影响到茶叶商品的价值。众所周知,茶叶品质在改善栽培管理措施和采制技术下会有所提高,但形成品质——色、香、味、形的主要物质基础,乃是由品种芽叶的生物化学特性和外部形态特征,即芽叶的理化性状所决定的。

**(3)提高茶树抗逆能力**

茶树抗逆性的强弱与品种本身的遗传性密切相关。因此,要提高茶叶产量和品质,就得积极选用抗寒、抗旱、抗病虫等能力强的品种。

**(4)调节季节、劳力和制茶设备**

合理搭配发芽期不同的良种,是调节采制中劳力、设备等各种矛盾,缓和以至抑制生产"洪峰",平衡生产的重要措施,这样利于采摘加工的及时进行、产量品质的相应提高。

**(5)提高采摘效率,有利于实现茶叶生产机械化**

茶树良种发芽整齐、芽叶肥壮，不仅可以提高采摘效率，而且也有利于适应茶叶采制生产机械化。

由于良种是建立高产、稳产、优质茶园的前提，所以生产上应该大力提倡、积极利用。

## 27. 引种的意义与特点怎样？

引种是古代劳动人民的智慧结晶，是一种多、快、好、省的育种方法，不论古代和现代，不论茶树和其他农作物，在生产上都已被广泛应用。

从遗传学的角度来看，引种有两种情况。一种叫自然驯化，它是指被引进植物不改变其原来的遗传性——其本身原来就具有潜在的可能因素，可以在新的栽培地点，用当地的一般栽培技术，或补加些农业技术措施就可以顺利地生长发育。另一种叫风土驯化——指被引进的植物，在与原产地显然不同的、新的生存条件影响下，遗传性发生变异，从而适应新的生存条件的过程。

我们知道植物资源的地理分布是有局限性的，我们通过引种驯化的途径，可以对植物进行合理干预，使之朝着人们所需要的方向进行调节和改造，发挥其作用，服务于人类。因此，引种在育种工作中占有重要的位置。

引种的特点是，方法简便，容易见效。通过引种可以迅速利用外地良种，改善本地品种的组成，有利于产量、品质、抗逆性的提高。有些虽然不能直接在生产上利用，也可大大丰富当地育种的原始材料，而且引进的品种，往往是现成的材料，容易掌握其栽培历史和遗传特性，能顺利地得到选种效果。特别是在当前茶叶生产迅速发展的情况下，原有的品种远远满足不了生产上的要求,因而引种便成为迅速补充当前生产上良种不足的有效措施。

## 28. 怎样进行品种产量鉴定? 其方法如何?

产量是构成良种的重要因素之一。在研究选育新品种时,要进行产量表现的鉴定,可采取如下方法进行鉴定。

**(1)幼龄茶树的间接鉴定**

①**修剪打顶法** 这是利用幼龄茶树修剪下来的枝叶或打顶的芽叶,用作间接鉴定产量的方法。一般茶树生长势旺盛、新梢伸育力强的,其修剪下来的枝叶或打顶下来的芽叶重量就愈重,其预期产量就高。

②**产量性状的测定** 从观测幼龄茶树的树势、茶芽性状、生长量等产量相关性状来推测产量。

**(2)成龄茶树的直接鉴定**

①**采摘计算法** 按一定的采摘标准,分批及时采摘,分别统计各品种1年内的产量,以直接比较各品种的产量。此法接近生产实际,但需连续几年统计,才能鉴定产量的高低。

②**季节采摘法** 按一定的采摘标准,在1年内的1~2个茶季或高峰期,在一定面积内及时采下鲜叶,进行产量估测。此法所得结果是全年产量的一部分,基本上可以反映所鉴定品种产量的高低。

③**产量相关性状计算法** 茶叶产量决定于单位面积内的植株数及每一植株的产量。在植株生长年限及栽培措施相同的情况下,一般地说,芽叶数多、芽叶重、萌发轮次多、采摘期长的则单株产量高,反之产量低,故可从相关性状来估测。

## 29. 加速茶园良种化要采取哪些措施?

茶树良种是茶叶生产的重要手段,是茶叶高产、优质、高效的基础。新中国成立以来,我国各地茶叶工作者都在积极开展挖掘地方良种和选育新品种工作,先后审定了 3 批国家级良种 77 个、省级良种 200 多个,目前全国良种平均覆盖率达 50%(但无性系良种仅 16%)。为了加速良种化进程,要注意做好以下工作。

**(1)建立良种繁育基地**

应该注意选择有条件的茶场,有计划地建立良种基地,做到母本园、苗圃配套。

**(2)抓重点品种、良种与名茶相结合**

如绿茶区的福云六号与乌龙茶区的铁观音、黄旦、八仙等。

**(3)加速繁育良种**

可采用有性繁殖与无性繁殖、以苗育苗等办法,并采取特殊设备,创造条件,延长繁殖时间,如保温、地膜覆盖等,认真做到良种良法,增加繁殖系数。

**(4)加强组织领导与经济措施,注意贯彻"四自一辅"的方针**

宣传良种,普及良种繁育技术,做到供求平衡、措施得力,群众有积极性,层层有人抓,尽量做到就地自繁自用,减少长途运输。

## 30. 茶树良种推广中要注意哪些事宜?

第一,良种繁育推广应因地制宜,合理布局。因为任何茶树良种,其本身都有适应性、适制性的特点。为此,要根据茶区的自然条件、生产茶类,因地制宜地选用、繁育推广相适应的良种。

第二,搞好良种搭配,做到早、中、迟芽种的合理搭配,以利调剂采制劳力和设备的矛盾。同时要注意不同品质特点的品种搭配,如高香味淡的品种与低香味浓的品种搭配,以利取长补短、提高茶叶品质。此外,为适应市场的变化,要提倡推广适于多茶类加工的良种。

第三,建立种苗基地、健全育苗专业队伍,提高良种繁育效果。

第四,重视良种的病虫检疫,以防病虫害的蔓延。

第五,实行良种和良法相结合,以使良种的优良性状充分表现出来,发挥其增产、提质的作用,并在一定程度上控制或减轻不良性状的影响。

## 31. 茶树繁殖有几种方式? 目前哪种方法较先进? 为什么?

茶树繁殖方式有有性繁殖和无性繁殖。

**(1)有性繁殖** 即用茶籽进行繁殖。技术简单易行,包装运输方便,成本低,实生苗适应性强,但种性杂,后代性状参差不齐。

**(2)无性繁殖** 茶树无性繁殖系利用茶树营养器官进行。

其方法大致有：扦插、压条、分株和嫁接等。压条操作技术简单、劳力省、工本低、无需特殊设备和苗圃、茶苗生长迅速、成苗快，但繁殖系数低；分株法利用老茶树分株与茶苗（再生茶秧），分株两种，常用于更新衰老茶树、改造老茶园以及茶园缺株补苗，但繁殖系数亦不大；嫁接法仅在特殊需要中采用。

目前生产中大力提倡短穗扦插法。短穗扦插法的优点：一是插穗短、材料省、繁殖系数高；二是一定面积内，育苗数量多，土地利用经济；三是取材方便，成龄、幼龄茶树修剪枝条均可，且还可以"以苗育苗"，取材方便；四是繁殖季节长，一年四季大多均可进行；五是扦插后发根、成苗快，成活率高，根群发达，移栽成活易，生长旺盛，可提早成园，故为目前茶区广为推广的繁殖方法。

## 32. 如何做好扦插育苗的苗床准备？

**(1)选好苗圃地**

应选择交通方便、地势平坦、排灌水容易，背风的农地或水田。苗圃地土质要疏松、微酸性的砂质或粘质壤土，前作忌烟、麻、菜地或连作等。

**(2)苗圃整地**

苗地选定后应全面深耕，同时拣去石块、草根等，并施上底肥，如饼肥、土杂肥、人畜粪等有机肥，配施适当数量的磷肥。苗床宽窄应以管理方便、土地利用率高为原则。苗床宽1.3米左右，长度根据地块具体情况而定，床高15厘米左右，春夏插东西向、秋冬插南北向。床面要平整，面上铺上一层筛好的红黄心土，厚度5～6厘米。同时苗地四周要开设排水沟、挖若干贮水坑。

**(3)搭棚遮荫**

苗地遮荫是避免日光强烈照射,降低风速,减少水分蒸发,利于扦插成活与茶苗生长的重要措施。目前南方棚架多采用平式,棚高 1 米左右,上盖竹帘、芦苇帘、茅草帘或杉刺枝及作物茎秆等,以遮去日光照度的七成为宜,春秋稍稀、夏季稍密。

## 33. 扦插育苗时应掌握哪些技术环节?

**(1)插穗剪取**

以选取初壮、半木质化、腋芽膨大的枝条(图 10)。剪时

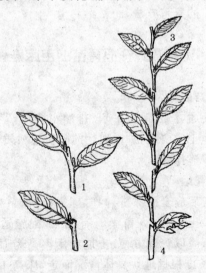

**图 10　插穗的选取**

1. 节短剪 2 叶插穗　2. 节长剪 1 叶插穗

3. 太嫩不作插穗　4. 病虫叶不用

宜清晨进行,以利于剪穗与当天工作的安排。剪穗时要细心,按"一个芽、一片叶、一寸长"的规格,节间短的可留2节,剪去下端的叶和腋芽,保留上端的,做到随剪随插,防止插穗过分失水(图11)。

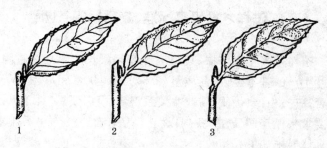

**图11　一叶短穗的剪法**

1. 符合标准的短穗　2. 上端小桩过长
3. 上端小桩太短,下端剪口方向相反

**(2)插穗处理**

为提高插穗的成活率和提早发根,在剪成短穗后,可用生长刺激素进行浸渍处理,如40～50毫克/千克的2,4-D或50～100毫克/千克萘乙酸、50毫克/千克的赤霉素、8～12毫克/千克的三十烷醇。

**(3)扦插时期**

在南方气候条件下,四季扦插均可成活。但以秋、冬(10～11月份)为最好,不仅成活率高、管理省工,而且插穗取自夏秋梢,养分贮藏丰富,生机旺盛,且先发根,至翌年伏天,根群发达易于成活,秋后出圃率高。

**(4)扦插方法**

扦插时,先将苗畦充分喷湿,待稍干后,按品种、叶片长度进行划行。一般行距7～10厘米,每667平方米插25万株左右。扦插时可直插或顺风稍斜插,入土 2/3,露出叶柄,避免叶片贴土,做到边插边将土压实,使穗、土密接,利于发根,插后应立即充分浇水。

## 34. 怎样才算是高标准、高质量的茶园?

茶树是多年生作物,其经济价值年限长。建立新茶园是茶叶生产的基本建设,其质量好坏对成园快慢和成园后茶园能否高产、稳产、优质、高效益关系密切,所以要用"百年大计"的要求来抓建园质量,做到以"土"为基础,高标准、严要求。其具体要求如下。

**(1)茶园集中成片,生产实现区域化**

充分利用当地的自然资源,提高劳动生产率,提高生产效益。

**(2)坡地、山地建园标准化**

变"三跑"园为"三保"园,做到茶园水平梯地化,开平台要外高内低倾斜,外有埂内有沟,横沟缓路,防止水土流失。

**(3)土壤深垦基肥化**

创造好的立地条件,充分供应茶树养分需要,使其根深本固、枝繁叶茂。要坚持深沟下肥,要在台面中间略偏内处挖宽×深为 60 厘米×60 厘米的定植沟,心土筑埂表土回沟,每667 平方米施 200～300 千克饼肥或其他有机肥。

**(4)茶树良种化,种植规格化**

要充分利用现有良种,繁育推广新种,不断提高良种化水平,同时通过合理密植,使茶树个体生育、群体发育和生态环境三者得以协调。要坚持条栽密植,现行推广的是双行单株和双行双株两种,采用大行距 160 厘米左右,小行距 30～35

厘米,穴距 30～35 厘米,每穴双株相距 5 厘米,每 667 平方米植 3 000～6 000 株。

**(5)环境林园绿肥化**

这样可适应茶树喜荫、耐湿、需肥的要求。要做到"头戴帽、腰扎带、脚穿鞋",注意做好绿肥种植工作。

**(6)适应水利机械化**

做到山、水、园、林、路、沟、坑、屋综合布局,统筹安排,逐步实行机械化的要求。

概括地说,要求新茶园达到:集中成片、合理布局;缓路横沟、纵横有序;等高梯层、保持水土;深翻改土、施足基肥;合理密植、良种壮苗;园林造林、路旁植树;以适应今后茶区园林化、茶树良种化、茶园水利化、生产机械化和栽培科学化、现代化的生产要求。

# 35. 新辟茶园的规划应包括哪些内容?

茶园规划设计是茶叶生产现代化的一个基础内容。一般农业生产规划设计多以土地利用为中心进行,而茶树种植业也不例外,它通过规划设计要达到:一是创造一个适合茶树生长的良好生态系统;二是提高土地利用率,合理的、经济的、充分利用土地资源;三是合理布局、方便生长管理;四是适应先进的农业科学技术的应用。根据以上要求,规划设计的内容应包括:园地的选择与勘察(图 12);种植内容的确定;场、厂、区(作业区)、点(居民点)位置的确定;道路设计(图 13);排灌系统、肥水池的设计;梯层设计(图 14);防护林及遮荫树的设计;制订实施方案的计划书。

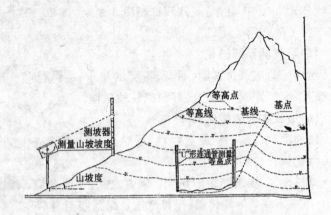

**图 12　测量坡度、基线、等高线示意图**

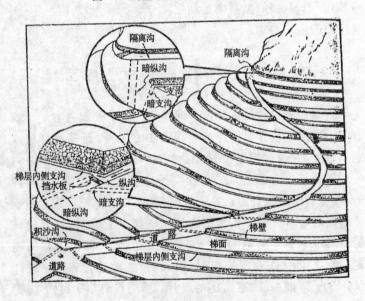

**图 13　茶园沟、道设置**

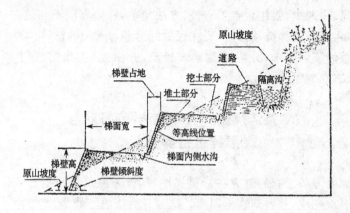

图中标注：原山坡度、道路、挖土部分、堆土部分、梯壁占地、梯面宽、等高线位置、梯面内侧水沟、隔离沟、梯壁高、原山坡度、梯壁倾斜度

**图 14　梯层茶园施工示意图**

## 36. 山地茶园要不要修建梯层？
## 修建梯式茶园应掌握什么原则？

　　坡地梯层标准化，这是高标准茶园的要求。根据南方茶区经验，山地茶园坡度角在 25°以上不开园；5°以下可按等高条栽；而 5°以上者，一般均应构筑等高梯层。其好处：它可以改造自然地貌，消除地面坡度，减轻和避免土壤冲刷，变"三跑园"为"三保园"；同时，又便于机械操作、引水灌溉，有利于增加地力，发挥茶树高产性能。所以，山地修建水平梯园是一项百年大计的基础建设。

　　修建梯式茶园的原则是：一是要保证每一梯层水平，防止水土冲刷；二是梯面宽：单行一般不少于 2 米，双行 3～3.5 米，梯层要层层接路，沟沟相通，以便于耕作与灌溉；三是梯层可等高不等宽，大弯随势，小弯取直，梯层长度以 50～70 米为宜；四是梯层表土腐殖质层要尽量回沟；五是梯坎要坚固、占地少，要注意省工省钱、方法简单，梯壁高度不超过2米；六是开辟梯级茶园时，要注意做好道路与水沟的修筑。根据总体规划要求，分段拦截地表径流，并做到"头戴帽、腰扎带、脚穿鞋"。

## 37. "茶沟筑梯一次完成法"的好处与怎样进行操作？

南方茶区有的地方在修筑梯层时，曾采取筑梯与挖种植沟1次完成，并做到表土回沟。这种开垦法的好处是：方法简单、方便，花工少，在群众大量上山时，便于分散开垦，且保证表土回沟，利于成园，但缺点是心土筑坎不及石砌或草皮砌壁牢固。

其具体操作是：第一步清基，沿等高线清平宽40厘米的基脚，将表土、杂草放在下一层梯的上方；第二步挖茶沟，在离等高线上1米处开始，挖深宽各50厘米的茶沟，把沟中表土放在沟的上方，心土放在"基"上；第三步是表土回沟，将沟上方和清基的表土填入茶沟内；第四步是心土筑梯壁，将放在"基"上的心土，分层夯实，直到所需高度，并削成$65°\sim70°$的倾斜角；第五步是平整梯面。

## 38. 茶园为什么要提倡深耕基肥化？

茶树为叶用作物，喜肥，地上部生长状况与地下部根系发育状况密切相关。根系只有生长在良好的立地条件下，才能扎根深、根量多，从土壤中吸收水、肥数量大，从而地上部才有可能生长旺盛，枝繁叶茂。因此，土是茶园的基础。各地丰产栽培经验得出：667 平方米产干茶 250 千克以上的丰产园,要求土壤有效土层深 60 厘米以上;0～40 厘米的土壤容重 1.3～1.4 克/厘米$^3$；含有机质 2%～3%,全氮 0.12%～0.2%,速效磷 30 毫克/千克以上,速效钾 100 毫克/千克以上。

茶园定植前要提倡深耕基肥化,这是高标准茶园的必要条件之一。它一般是指茶园定植前在全面深垦的基础上,进一步翻松、整细、耙平土壤,并向种植沟内施入一定数量的有机肥做底肥,其数量可根据肥源而定,如青枝绿叶、土杂肥、饼肥、粪肥均可,拌上一定数量的磷肥,注意土、肥拌匀,然后盖上 10 厘米厚的土再进行定植。这样既加深了土层,直接为茶树根系扩展创造了良好的条件,又能促使土壤一系列的理化变化,提高土壤蓄水保肥能力,为茶树生长提供良好的水、肥、气、热条件,所以对快速成园、早投产、夺高产,对茶树整个生长发育都具有特别重要的意义。

# 39. 茶园定植时间和应注意的技术环节是什么?

茶苗定植时间,南方一般分春栽和秋栽两种。秋栽在霜降前后小阳春季节,待地上部停止生长后进行;春栽在早春2～3月份无重霜后,茶芽萌动前进行。移栽时应注意以下技术环节。

**(1)移栽健壮苗木**

一般用 1 年生扦插苗,苗高 20 厘米、茎直径 0.3 厘米以上,并有良好的根系。

**(2)起　苗**

苗床要浇足水,最好选择阴雨天起苗。挖起苗株(尽量多带土),减少根系损伤,主根过长的可适当剪短。外运的,苗株大的应先去掉部分新梢,蘸好黄泥浆,每百株捆成一把,每5～10把再用稻草裹住根部绑成一捆。运输中注意通气,不要压得太紧,避免闷热脱叶和日晒风吹。

**(3)定　栽**

茶苗要随挖随栽,注意组织好劳力,如果茶苗不能及时栽完,必须进行假植。定植方法,按规定的株行距,每穴栽健壮的均匀苗3株,株苗间距约4～5厘米,栽植深度以栽到略超过茶苗根颈处为宜。栽时要分层填土,并用双手按实,使根系与土壤紧密接触,并在填土过半时,浇足定根水,待水下渗后,再盖浮土6～7厘米左右,以保蓄土壤水分。对于过大的苗木,为减少枝叶失水,可结合进行第一次定剪,离地20厘米处剪去,剪口要平滑,离邻近叶片着生处距离要适当,一般要1厘米左右。

**(4)加强栽后管理**

注意定栽茶苗成活前,保持土壤湿润,及时做好土壤覆盖。并在茶苗成活、新根萌发时,及早薄施水肥,促进发根。

## 40. 如何选择茶园土壤？茶园土壤管理指的是什么？其目的是什么？

土壤是茶叶生产的基础。据调查,丰产茶园的土壤,一般均具有土层深厚、土质良好、有机质丰富、保水保肥力强和水肥气热比较协调的性状。因此,丰产茶园建园前要选好地;建园时要做好深耕下肥,建好园地;种茶后还需不断对土壤进行熟化管理,改善土壤的理化性状,从而使其成为能够实现丰产的土壤。

茶园土壤管理是旨在保持水土,熟化改良茶园土壤,提高肥力的栽培措施。其目的即要增加土壤肥力,减少水土流失,调节土壤固、液、气三相,使土壤水、肥、气、热各肥力因素能够协调,从而既为根系生育、也为土壤微生物的繁育创造良好的条件。其具体做法包括:施肥、耕作、除草、铺草、灌溉等。

## 41. 土壤耕锄的种类及其各自的作用怎样?

茶园耕锄由于目的的不同,可分为浅耕、深耕和深翻改土3种。凡土壤耕翻深度少于12厘米者为浅耕,其主要作用是消除杂草,疏松表层土壤,改善土壤通气性,切断毛细管,提高地温,以利茶树当年生长;深耕为耕翻深度大于15厘米者,其作用为改善深层土壤的通透性,提高土壤通气、保水、蓄水力,促进微生物活动,减少虫害,有利土壤风化;深翻改土是深耕的一种形式,也是改造低产茶园的一种有力措施,它是指种植前或种植后茶园进行深翻50厘米左右,重施有机肥,以熟化土壤,加深土层深度,使土壤结构良好,土层深厚,提高肥力,为茶树根系扩大营养吸收面创造良好的条件。

## 42. 为什么要进行深翻改土? 应注意哪些问题?

土是茶树生长的基础,肥如同"粮食",满足茶树的营养需要。良好的土壤质地和结构、丰富的土壤养分是实现高产稳产的重要条件。所以,我们一般强调种植前茶园要进行深垦、下足基肥,打好良好的土壤基础,以利茶树根系发育。但是,往往由于一些具体原因,有的地方种植前仅进行定植沟深翻,因此,影响了幼年茶树根系的生长,造成了不抗旱、抗寒力弱、抗逆性差,且根系愈浅,愈易受自然灾害的危害。因此,要提高茶树抗性,就要促使幼树根系向外伸长,以及改变成龄茶园耕作层过浅、底土硬实的情况,栽后要注意进行行间的深翻,破除底土对根系的机械阻力,并结合大量施肥,改变土壤理化性质,为根系生长创造良好的土壤环境,弥补种植时土壤基础的不足。

深翻改土是深耕的一种形式,也是改造低产茶园的一种有力措施,一般深度为 50 厘米左右。深翻时要注意:其一,必须结合施足有机肥,施肥深度以 20～30 厘米为宜;其二,宜于秋末冬初(11 月份左右)进行,挖耕时要保护根群,避免伤害根系;其三,可隔行逐年轮换进行,挖沟时要有足够的深宽度;其四,幼龄茶园应在 3 年内全园深翻 1 次。

## 43. 茶树营养指的是什么? 它需要哪些无机盐营养元素?

茶树是多年生木本植物,一年中采摘次数多,新梢如要不断生长,就应源源不断地供应养分,满足茶树营养需要。茶树营养从茶树生理学的角度讲,它包括两大内容,一是绿色组织所形成的有机物质——碳素营养;二是从土壤和施加的肥料中吸收的无机盐类。

据分析,构成茶树有机体的元素有 40 多种,其中维持正常生长发育所需的元素有 15 种,它们是:碳、氢、氧、氮、磷、钾、钙、镁、硫、铁、锰、硼、铜、锌、钼等,在这些元素中,前 10 种需要较多,称常量元素,后 5 种为微量元素。其中碳、氢、氧可从空气和水中取得,其他为无机盐类,绝大部分从土壤自然肥料中获得。其中氮、磷、钾消耗量大,土壤中往往供应不足,因而这三者又称为肥料"三要素"。一般来说,常量元素是茶树生活物质的构成物,微量元素则多是生命过程中的调节物,都有各自的生理功能,如缺乏某一种元素,就会影响茶树体内相应的生理功能进行,以致出现某种病症,所以茶树的生命活动需要多种元素参加,且彼此还须协调与相互平衡。

## 44. 茶树需肥有什么特点?

根据茶树本身的遗传特性和其个体发育过程中,不同阶段、不同时期对养分元素的需要不同,它的需肥特点如下。

**(1)持 续 性**

茶树是多年生常绿植物,一年四季连续不断地进行新陈代谢活动,由于生长发育与不断采摘,因此就必须不断地施肥补充,满足其对养分的需要。

**(2)集 中 性**

茶树在年发育周期中,随着季节的变化和茶树本身生理现象,表现出与生长与休止的特性。一般地说,茶树在生长旺盛期内吸肥多,表现了需肥相对集中的特点;休止期吸肥少,用肥也少。且在养分元素中,茶树营养以氮素为主,磷、钾次之。因此,在各个采摘季节中,必须相对集中地施用氮肥,才能满足茶树的需要。

**(3)阶 段 性**

表现在茶树不同生育阶段对肥料三要素要求数量的不同。据研究,氮素全生育期均能大量吸收,其中 4～9 月份地上部生长旺盛期,吸氮量占总量的 70%～75%;磷素以 8、9月份及 10 月份上半月花芽分化盛期吸收量占总量的57.92%;钾素以夏季最多,秋季次之,春季明显减少,说明茶树吸肥,对不同元素,在不同季节均有不同。

### (4)多样性

据分析,构成茶树有机体的元素有 40 多种,其中维持正常生长发育所必需的元素有 15 种,这些元素需要量各有不同,但由于它们对茶树所起的生理作用是不可相互代替的,所以表现了吸收养分元素的多样性特点。

## 45. 茶园施肥方法有几种?

茶园施肥方法有 3 种:即根部施肥、根外施肥(叶面施肥)和管道施肥。

根部施肥法主要是开沟施肥,其施肥深度应根据根系分布位置与肥料性质来确定,一般施肥形式有穴施和沟施或撒施。

根外施肥为叶面施肥,方法是把肥料配成溶液,喷洒在茶树叶面上,通过气孔和表皮细胞的渗透作用吸收营养。其优点是肥料利用经济,并可与治虫、喷灌等结合,又可校正茶树微量元素缺乏症。

管道施肥为地下埋设管道,用液肥灌入管道缓慢滴漏,让肥水注入深层土壤,充分发挥肥效,提高茶根吸肥率,同时还可改善土壤水、肥、气、热的条件。目前生产中,秋冬季多开沟施用有机肥、土杂肥与磷、钾肥;生产季节,每茶季停采间歇,对土壤或叶面追施速效氮肥。管道施肥虽具有用肥经济、茶根吸肥率高,但因投资大,长期使用中难免有杂物沉积、堵塞,故目前尚未大量采用。

## 46. 生产茶园怎样计算施肥量?

茶园合理施肥的计算方法,有以下两种。

**(1)以土壤有机质含量为依据**

据报道,一般每667平方米增施有机肥25 000千克,可使土壤有机质含量提高1%。

按增施有机肥经验公式:

X=25 000千克×(Y-Y′)

式中:X为每667平方米增施有机肥料量(千克),Y为土壤有机质要求达到的含量(%),Y′为土壤有机质现有含量(%)。

**(2)以每667平方米生产干茶量为依据**

据分析,每生产50千克干毛茶,需从土壤中带走纯氮2.5~2.82千克,磷0.5~0.57千克,钾1.5~1.69千克,考虑到肥料利用率与土壤流失量和茶树的消耗损失,一般每千克纯氮只能增产干茶7千克。

为此,计划产量和需氮量的关系是:

需氮量(纯氮)=计划产量(千克)÷7

而通常茶园氮、磷、钾的施用比例是3∶1∶1,由此便可计算出施肥量。当然,这些肥量并不是一次施入茶园,有机基肥秋春季施入,一般占全年总肥量的1/4,3/4为无机化肥根据春茶占该肥量的40%,夏、秋茶各占30%分别施入。

而幼龄茶园由于尚未开采,耗氮量不多,以培养健壮骨架与庞大的根系为主要任务,故施肥量的确定,根据实践经验和试验,应增加磷、钾比重。常规茶园1~2龄,每667平方米施纯氮2~4千克,氮∶磷∶钾为1∶1∶1;3~4龄,每667平方米施纯氮4~6千克,氮∶磷∶钾为2∶1.5∶1.5;5~6龄,每667平方米施纯氮6~8千克,氮∶磷∶钾为2∶1∶1。至于进入衰老期的茶园,树势衰退,产量急剧下降,需采取重剪、深耕,改造茶树,重新培养树冠和促进新根生长。所以,亦应增施磷、钾肥,配合施用氮肥。

## 47. 怎样选用茶园肥料?

茶园用的肥料可分为两大类。一类是有机肥,包括猪、牛、羊、鸡、鸭等家畜家禽的粪便、各种饼肥、绿肥及堆肥、土杂肥等,这些肥料除了能供应各种营养元素外,主要是增加土壤中的有机质,改良土壤结构,为茶树创造一个良好的土壤环境。另一类是无机肥,它包括氮、磷、钾三要素的化学单一肥料和复合肥料。

由于茶园需肥是以氮素肥料为主,随着茶园单产的提高,氮肥需要量会越来越大,解决氮素肥源的途径虽有多种多样,但从大面积生产茶园来看,化学氮肥在相当长的时期内,仍应是重要的肥源。目前常用的化学肥料有:尿素、硫酸铵、碳酸铵、过磷酸钙、钙镁磷肥、磷矿粉、硫酸钾等,特别是近年来,随着化学工业的发展,开始使用含有两种或两种以上营养元素组成的肥料,它具有有效成分高、效果好的特点。如目前应用的铵态复合肥(氮∶磷∶钾=2∶1∶1)和硝态复合肥(氮∶磷∶钾=2∶1∶1或2∶2∶3),无论是应用在幼龄茶园还是采摘茶园,对于促进茶树生长,提高产量、品质都有显著的作用。

## 48. 茶园施肥要注意什么事项?

生产中,由于施肥时期不同,其施肥方法、用肥种类亦有不同。秋冬季施用基肥,一般多结合深耕或深翻改土进行,所用肥料以体积大、数量多的有机肥、土杂肥与磷、钾肥为主,故应沟施;春、秋生产季节追肥时,一般以速效氮肥沟施为主。

而施用腐熟人、畜粪尿则可撒施于茶株附近,再结合浅锄使肥土混合,如用尿素还可做根外追肥。不过生产中不论采用何种肥料、何种施肥法,均应注意有关事项:早晨露水未干,施化肥时要注意避免将肥料撒在叶子上;施用易挥发的肥料时,要沟施并盖好土;每次施肥,要注意在茶行的两侧轮番施肥,以保持根系均衡发展;施用化肥数量少时,可拌土沟施,以求肥料施匀。

## 49. 茶园为什么要强调重施基肥? 施用时间上为什么提倡宜早?

第一,茶树系多年生采叶植物,目前生产上春茶产量一般占全年产量的 45%～55%,且品质好,经济价值高。因此,如何提高春茶产量和品质,对于完成全年产量和产值指标具有重要的意义。近年研究证实,茶树春季新梢的生育,主要是消耗树体内的贮藏养分,其产量的高低,不是决定于春茶前的催芽肥,而是决定于上年秋冬季茶树的营养积累,春肥的供应仅是春茶的补充,它的效果在夏、秋茶中表现更为明显。所以要夺取春茶高产就要强调重施基肥。

第二,在气候条件上,南方茶区秋季与冬初,气温、光照等仍非常有利于茶树生育,此期茶树根系活动活跃,只要水肥供应充足就能发挥这个时期根系活动高峰的作用。不但可以挖掘当年秋茶增产的潜力,而且极大地加强了茶树的养分积累。所以基肥提倡早施,并配施磷、钾肥,以满足这个时期茶树对营养元素的需求。

第三,从肥料的种类来看,基肥一般以有机肥为主,结合秋冬季深耕时施用。除能持久不断补充土壤养分外,其养分含量虽比化肥低但全面，且能增加土壤有机质，改良土壤结构，协调土壤水、肥、气、热的条件。所以，有利于茶树根系发育和养分的吸收，但它肥效缓慢，因此，要求有机基肥施用数量上要多，时间上宜早。

## 50. 茶树根外追肥应掌握的技术要点与注意事项有哪些？

茶树根外喷肥是一种花钱少、收效快的施肥法，尤其是在根部追肥不足、天气干旱的条件下效果更为显著，目前茶区已广为应用。其具体做法如下。

**(1)肥料的选择**

有硫酸铵、尿素、过磷酸钙、硫酸钾等，其中以喷洒尿素水溶液为好，它含氮高、肥性温和、不易"烧叶"。

**(2)喷肥时期**

以茶树新梢伸育程度为依据，一般以第一叶初展时进行喷洒，选早、晚或阴天进行。

**(3)肥料浓度**

尿素 0.2%～0.5%，硫酸铵 0.5%～1%，过磷酸钙1%～2%，硫酸钾 0.5%。掌握原则：春季气温较低，日光温和，肥料浓度可偏高些，夏季反之。

**(4)注意事项**

肥料一定要充分溶解；叶面、叶背均应喷到；如果配合杀虫剂或杀菌剂使用，必须酸性肥配合酸性药，碱性肥配合碱性药，以免破坏肥效和药效。同时，要注意不能用根外施肥取代根部施肥，应互相配合促进肥效。

## 51. 茶树肥害的原因及预防法是什么？

茶树需肥，但施肥技术不当亦会发生肥害，造成损伤茶树树体。一般茶园引起肥害的原因如下。

**(1)方法不当**

大量施用化肥或未腐熟的有机肥，茶树根部直接接触肥料，有机肥发酵腐熟过程引起烧根与根部细胞反渗透而伤根，使根部发黑腐烂。因此，施用有机肥必须腐熟，而且不论施用化肥或有机肥，都要注意不要直接接触根部，一旦沟施时要做到土肥要拌匀。

**(2)用量盲目**

茶树耐肥力较强，但1次施肥过多，同样会造成烧根现象。目前有些茶区，为了提高茶叶产量，盲目增加化肥用量，因此造成了肥害。据研究材料指出，每667平方米茶园每次安全施氮量以不超过纯氮素7.5千克为宜，否则根系将发生烧伤。

**(3)技术掌握不好**

肥料直接撒施在树冠面上，根外施肥浓度过大或施用碱性肥与易挥发的肥料（如铵水、碳酸铵），引起直接烧叶与熏蒸烧伤。所以，根外施肥要注意控制浓度与用量；如若使用易挥发、碱性肥沟施时，要边施肥、边盖严土。

**(4)肥料选择欠妥**

茶树对"氯"反应敏感，当老叶中含氯量超过0.8％时，就会引起毒害。因此，茶园中要少用或不用含氯的化学肥料。

## 52. 茶园应用乙烯利要掌握哪些技术？

化学除花,是控制茶树个体生殖生长、减少花果养分消耗、促进营养生长、增加芽叶的一个有效措施。大量试验证明,化学除花使用得当,一般可增产一二成。在化学除花上,目前乙烯利效果比较好,据试验认为,使用乙烯利的浓度应以800~1 000毫克/千克为宜。其效果随品种和喷药时机而有所差异,使用时期应选择盛花中后期,以10月下旬至12月上旬均可,一般1年喷1次。但要注意,如果浓度、时机掌握不当时,喷洒乙烯利会发生落叶和延迟发芽等现象,故须注意不断提高使用技术。

## 53. 茶树生长为什么离不开水？

水是一切生命活动最基本的条件,"没有水就没有生命"。尤其是茶树在自然选择和系统发育过程中,形成了喜湿的特性,据测定,一般高产茶园在生长季节,每生产0.5千克干茶,约需消耗3 000升的水。水对茶树的重要性表现于:

第一,水是茶树有机体的重要组成部分,是各器官、各组织的主要成分。一般来说,茶树全株含水率约60%左右;枝干、根部约50%;生长季节鲜嫩芽叶为75%~80%;而细胞原生质含水率更高达90%以上,如果原生质严重脱水,细胞就会失去生命力。

第二,水是茶树体内新陈代谢、生命活动的基本物质,是必不可少的介质,一切生理生化过程均不能缺水。如土壤中各种营养物质,必须先溶解于水呈离子状态才能被茶树的根吸收,吸收后还必须以水溶液状态方能运转到有关的组织、器官和细胞中去;又如茶树体内各种物质的合成与分解,要在水溶液中进行,水的多少能显著地左右新陈代谢的强度和方向。

第三,水分参与了茶树的光合作用,是光合作用的原料。

第四,水可以稳定茶树体温。它通过蒸腾作用,降低叶温,免使叶片受阳光灼伤。

第五,水是茶叶增产的主要因素。南方夏秋干旱,水分往往是茶叶正常生长与产量提高的限制因素,所以能否满足茶树需水状况直接影响着茶树的生长、产量和品质。

## 54. 茶园保水有哪些措施?

茶园保水是解决茶树需水的积极办法,其保水措施主要有两个方面。

**(1)扩大土壤蓄水能力,增加其库容量**

主要可采取深耕改土、增施有机肥料,加深土层厚度,改良土壤质地,增加孔隙度,提高土壤蓄水能力;其次健全保蓄水设施。坡地修建等高水平茶园,减少地面径流,整修水沟、布防设卡、拦蓄雨水、增加蓄水池等。

**(2)减少土壤水的散失**

主要可采取茶园铺草覆盖,适时耕锄,切断毛管水,注意合理间作,减少裸露面。同时,在种植中亦应事先考虑茶园保水问题,合理布置茶行,且在茶区应大力提倡植树造林,种好防风林、遮荫树,使茶区园林化,以涵养水分,改善小气候,减少茶园地面蒸发量。

此外,应尽快地促进茶树自身健壮生长,扩大树冠复盖度,以减少地面径流与蒸发,提高土壤水的有效利用。

## 55. 茶园要不要进行灌溉？
## 建立茶园灌溉要考虑哪些条件？

茶叶是喜湿作物,对水分有很高的需求,茶园灌溉是茶园增产的一项积极措施。特别山地茶园如果园林环境差,就要解决茶树水分问题,以灌溉补给茶树的需要(或进行茶园覆盖,减少水分蒸发)。建立茶园灌溉系统,除了要根据当地财力、物力,还应考虑的条件有:茶园就近必须有丰富的、可供利用的水源,水质适于茶树应用;茶园地形不太复杂、施工容易、投资省;茶园要具有设置灌溉系统的价值,一般单产应超过 100 千克。

## 56. 茶园灌溉应掌握什么时期为合适？

灌溉适时,是充分发挥灌溉效果的重要技术环节。所谓适时,根据各地总结的经验,即在茶树尚未出现旱害之前补充水分。判断的指标,一般有看天、看地、看树体进行。

**(1)看天气状况**

实践证明,夏秋季节当日平均温度 30℃ 以上、最高温度超过 35℃,风力在 3 级以上,日蒸发量近 9 毫米,只要这种天气连续 7~10 天不下雨,茶园便需安排补充水分。

**(2)看茶园土壤水分状态**

据测定,在一般红壤地,茶园土壤含水量降到田间持水量的 70% 时,茶芽萌发就会受到影响,新梢生长迟缓,对夹叶大量形成,很易老化,此时就应灌溉(图 15)。

**图 15  土壤湿度对茶树新梢生育的影响**

1. 土壤含水率为田间持水量的 90%   2. 土壤含水率为田间持水量的 60%

**(3)看树体的表征反应**

清晨观察茶树叶片上无露水,中午叶片失去光泽,碰到茶树叶片沙沙作响,即表明严重缺水,急需灌溉。

# 57. 茶园铺草应掌握哪些环节?

茶园铺草是减少土壤水分散失既经济又有效的办法,它不单会减少土壤水分无效损耗,保持土壤疏松,还能抑制杂草滋生,调节地温和增加土壤有机质,所以宜于大力提倡。推行中应注意以下几个环节。

**(1)草  源**

应因地制宜就地取材,选用稻草、蒿秆、茅草、多种间作物及其他未结籽的野草。

**(2)铺草的标准**

以铺后不见土为原则,草料多,可满园铺;草料少,可只铺茶丛附近。新植茶园铺草应注意离茶苗基部稍远,以免夏季高温期草料发热烫伤茶苗。铺草时应优先铺保水性差和覆盖度小的茶园,一般每667平方米铺鲜草2 000~3 000千克,厚度10~12厘米。

**(3)铺草时间**

以保水防旱为主的铺草,一般宜在旱季来临之前,浅耕施肥之后进行。春夏之间铺的草,一般于秋冬深耕时深埋入土。

**(4)铺草方法**

平地茶园可随意撒铺,稍加土块压盖;坡地茶园宜沿等高线横铺,使之成瓦状层层首尾搭盖,并注意用土块适当固压,以免风吹和雨水冲刷带走。

## 58. 茶园间作要注意什么事项?

幼年茶园或尚未改密的稀植茶园行间空隙很大,进行合理地间作,对以短养长、长短结合,增加收入,解决肥源,抑制杂草,提高土壤肥力与保持水土,改善茶园小气候条件等,都有一定的积极作用,有利于茶树增产,利民又利茶。但间作如果不合理,间作物与茶就会发生矛盾,引起争水、争肥、争光,并且妨碍管理,导致病虫害的发生,致使茶树未老先衰,甚至死亡。因此,茶园间作要注意以下事项:

第一,间作物不能与茶树有严重的争水、争肥矛盾,要做到以茶为主。

第二,间作物能改良土壤,提高肥力,在土壤中能积累较多的养分并对形成团粒结构有利,有养地好处。

第三,间作物能抑制茶园杂草生长,秆矮、生育期短、茎叶不攀缠茶树,最好是选豆科作物或绿肥。

第四,间作物不能与茶树有共同的病虫害。掌握"大树不套小树套,无肥不套有肥套,瘦地不套肥地套,坡大不套坡小套"的原则,进行安排。

## 59. 茶树为什么一定要强调修剪?

实践证明,要培养丰产茶园,就必须首先培养丰产树冠。而丰产树冠的培育,只有通过人为的修剪,科学地培养,改变自然生长下株高、枝稀、芽小的状态才可能达到。因此,茶树修剪是茶园管理中对茶树本身管理的一个重要内容,其作用可概括有以下几点。

第一,抑制顶端生长优势,促进侧芽的萌发与生长,以育成广阔的树冠,扩大采摘面。

第二,更新复壮,促进新梢生长。通过剪除阶段发育较老的部分,使下部阶段发育年幼的枝条大量萌发。

第三,打破地上部与地下部生长相对平衡的关系,促使另一部分枝叶生长旺盛。

第四,改变碳、氮比率,控制生殖生长,促进营养生长。如果茶树枝梢长期不剪除,枝梢老化,碳水化合物增加,碳、氮比值大,生机衰退,对夹叶增多,则有利于生殖生长。

第五,剪除病虫弱枝、调节树冠光照条件,且影响到鲜叶的生化组成,达到增质的效果。

## 60. 丰产茶园的树冠该具有怎样的标准?

**(1)高度适中**

根据南方当前肥培条件,树高一般以 1 米以下为宜,小叶种或高寒瘠瘦地以 70～80 厘米为宜(图 16)。

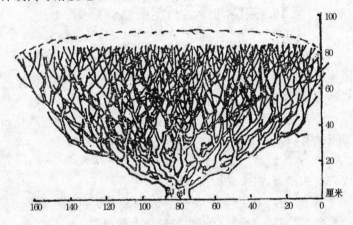

**图 16　茶树低蓬宽幅的树冠**

**(2)树冠宽广、覆盖度大**

一般要求高幅比 1：1.5～2,树冠覆盖度为 85％～90％的水平,树冠面修剪略呈弧形。

**(3)分枝结构良好**

要求分枝层次多而清楚,骨干枝粗壮且分布均匀,采面生产枝健壮、茂密。一般在采摘层下面强壮分枝要有 5～6 层,或者更多,每 0.12 平方米小桩数达到 250 个左右。

**(4)要有适当的绿叶层和叶面积指数**

一般中、小叶种或枝叶稀疏的品种,绿叶层要有 20～25

厘米厚度,叶面积指数 3～4 为宜。

## 61. 茶园要培养丰产树冠,需要进行哪些系统的修剪？ 不同阶段的修剪主要任务是什么？

要培养理想的丰产树冠,一般栽培上要进行两个方面的系统修剪。一为奠定基础的修剪——定型修剪;二为更新复壮的修剪——轻剪、深剪、重剪和台刈。

定型修剪是奠定丰产树冠基础的中心环节。此法用于幼年阶段的茶树,它的任务是控制树高、培养促进茶树从自然树型过渡到经济树型。

更新复壮修剪,一般在茶树壮年阶段和衰老阶段,其任务:壮年阶段主要是整理采摘面和工作道、改善树冠内枝梢数量和质量的矛盾,保持茶树旺盛的生长势,使芽头数量多、质量好,尽量延缓高产、稳产年限。其中,轻修剪主要目的是刺激茶芽萌发,解除顶芽对侧芽的抑制;而深修剪是一种改造树冠的措施,以恢复、提高产量。衰老阶段修剪(重剪或台刈)主要使枝梢数量和质量复壮,恢复和超过原有(改造前)的茶树生产力水平。其中重剪是对未老先衰的茶树和半衰老茶园,深剪已不能恢复生长势的茶树;台刈是彻底改造树冠的方法,对那些树势十分衰老,重剪已无法恢复树势,即使增加培肥管理,产量仍然不高者采用的办法,是重新培养茶蓬、骨架的一种更新措施,它把衰老茶树树冠离地 10 厘米左右处刈去,砍尽地上全部枝干。

## 62. 幼年茶树定剪要掌握哪些技术环节？

幼年茶树定剪是培育高产优质树冠的一项重要措施,其作用是使茶树形成强壮的骨干枝。定剪时要掌握以下技术环节。

**(1)开剪树龄**

可根据茶树生长情况与植株类型而定。一般扦插苗定植1足龄、直播2足龄开剪,此期全园苗高应有75%达30厘米以上,并有2～3个分枝。

**(2)定剪高度与次数**

应根据各地的自然条件、茶树品种类型、肥培管理情况而定。一般3次:第一次定剪以离地15～20厘米高度为恰当(图17);第二次约在2足龄(直播3足龄)时,当树高达50～60厘米时进行,高度可在第一次剪口上提高15～20厘米(图18);第三次在3足龄时,在原剪口提高15～20厘米。经3次定剪后,茶树高度一般控制在50～60厘米,当年夏秋季可适当进行打顶采。

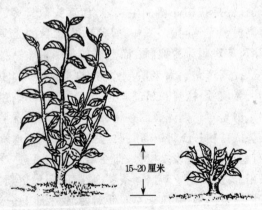

15～20厘米

**图17 幼龄茶树第一次定型修剪**

**(3)定剪时间**

以春茶萌芽前(2月份)为宜。此期根部营养贮存量最

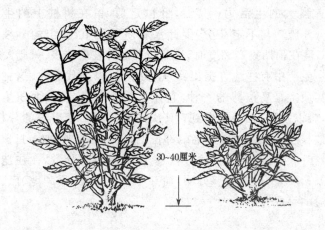

图 18　幼龄茶树第二次定型修剪

大,气温渐次上升,雨水充沛,剪后有利新生枝的萌发并有较
长时间的生长。

**(4)定剪方法**

一般以平剪为宜,采取压低主干,剪齐侧枝法。

**(5)注意事项**

第一次开剪树龄不能偏早、偏重;剪时工具要锋利,剪口
力求光滑;剪口要尽量留在分枝叉口附近,多留外侧芽;且
剪后水、肥、治虫和留养等管理工作要跟上。

## 63. 幼龄茶园低位定剪的好处和为什么
## 不宜采用以采代剪的办法?

生产实践表明,低位定剪比高位定剪效果来得好,究其原
因,其一,从植物学年龄上看,茶树主轴愈靠近地面的部分,阶
段发育年龄愈年青。因此,在这部分枝条上培育出来的分枝,

具有强大的生活力；其二，低位定剪，留在树桩上的生长点——腋芽与不定芽少，因此水肥使用集中，长出的分枝粗壮；且在预期投产高度时，比高位剪的分枝层数多、树冠大。

生产中有些地方提出："打顶养蓬、以采代剪"。这种办法实质上是高位剪的一种，它比低位剪效果差，大面积生产时，难以及时、无误地做到；其次采取此法培育出来的分枝，多数长在阶段发育较年老的部位上，生活力较弱，加上打顶养蓬，在同一时间内留养的分枝过多，养分供应分散，往往造成枝条素质差，层次不够分明，萌芽不良等现象，不利宽、广、齐树冠的育成。

## 64. 茶园为什么要进行轻修剪？其修剪的对象与深度有什么要求？

轻修剪又称浅修剪。成龄茶树经过数年不断采摘，采摘面的枝梢就会出现愈来愈细，俗称"鸡爪枝"，如果长期不进行轻剪，一是其育芽能力逐渐减弱，采摘茶园茶树就会逐年增高，树蓬过高，采摘困难；二是长期不剪，采摘面小桩出现结节多，影响水分、养分的运转，造成对夹叶增多、比重加大；三是不剪之后，亦会造成细弱枝和枯枝增多，容易引起病虫孳生危害。因此，必须进行适当的修剪，控制树高、扩大树冠、增加分枝，促进新梢强壮和茶芽多。

轻修剪的对象主要是"鸡爪枝"，树冠面上突出的徒长枝、受冻枝梢或枯死枝、病虫害枝、细弱枝等，以保持合理的树形。其深度一般掌握在原修剪面上提高 3～5 厘米，保留育芽能力强盛的春夏梢为育芽枝，做到"春夏红梗留一节，秋梢黄叶一扫光"，剪去细弱新梢的上段。目前各茶区开采茶园一般习惯于连年轻剪,多在春茶开采前 30～40 天进行,如树面平整,茶树长势好,小枝粗壮、结节少,树冠不高或长势差,叶层太薄的茶园亦可实行隔年轻剪,同样能取得增产效果,故可因树制宜。

## 65. 深、重修剪怎样区分? 如何应用?

所谓深、重修剪是成龄茶园更新复壮树势的一种修剪法。其区分:一是体现在修剪程度上;二是体现在茶树阶段年龄上。

### (1)深 修 剪

主要用于经多年轻剪和采摘刺激的成年树上。这类茶树经过多年轻剪和长期采摘后,树高增加,树冠面上的分枝愈来愈细,并留下较为密集的结节、短枝,造成水分、养分输送受阻,萌芽力衰弱、枝条细小、对夹叶增多、叶形变小、叶张变薄、产量和品质下降,此期虽经轻剪亦无法恢复高产、优质。因

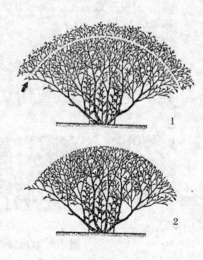

**图 19 茶树深修剪**

1. 修剪前　2. 修剪后

此,必须考虑加以深刺激,剪除顶端衰老枝梢,更新树冠,促进根系生长。一般剪时掌握剪深 15～20 厘米,剪去鸡爪枝为原则(图 19)。由于深剪剪得稍深,对当年茶园生产有所影响,翌年后,则显出增产效果,故修剪时间,一般安排在春茶后或

秋茶后进行。

**(2)重 修 剪**

主要用于未老先衰或半衰老茶树上(图 20),这类茶树树势衰退,中上层枝条育芽能力差,"鸡爪枝"、对夹叶多、单产低、质量差,但原骨架枝结构尚好,类似这类茶园,一般以剪去

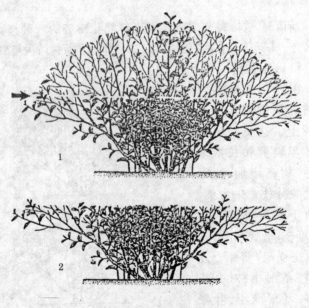

**图 20 茶树重修剪**

1. 修剪前 2. 修剪后

树高的 1/2~2/3(即枝干粗壮的剪去 1/2,细弱的剪去 2/3)。重剪的时间,一般有两个:其一春茶前进行,以求当年剪后有较长时间的树势恢复;其二春茶后进行,以尽量减少当年产量、产值的损失。

重修剪与深修剪剪后树势的区别,主要在于重剪后以留

主枝为主,留下侧枝较少,没有叶层;而深修剪除留有主枝外,还保持较完整的侧枝层。

## 66. 茶园修剪时间如何确定?

我们知道,修剪对茶叶生产具有重要的作用,但亦应知道,修剪对茶树又是一种不同程度的创伤,故确定修剪时间很重要,要尽量减少它对当年生产的影响。时间的确定,首先,应考虑修剪后要给茶树一个恢复创伤的时期,然后结合茶树本身生长发育特性进行考虑。根据茶树年发育周期中,地上部和地下部的生长和休止具有交替进行的情况,当地上部处于休眠状态时,地下部生长活跃,这时根部贮藏的养料最多。据测定,茶树根部养分(淀粉、总糖量)的贮藏,从9月下旬起逐渐增多,直到翌年1~2月份达到最大值,4月份降到最低值,5~6月份又出现一个小高峰,以后一直下降。而茶树修剪后恢复生长的养分,主要来源于根部,其次来自老叶。所以,要使茶树损伤迅速恢复,必须考虑茶树体内养分的含量,也就是枝条养分含量少、根部贮藏养分最多时进行。

目前我国南方在生产中,茶园修剪较普遍采用春茶前雨水至惊蛰前后进行,它不但不影响或少影响当年、当季茶叶的产量,而且亦符合茶树营养生理特性。不过因春剪春季恢复创伤的时间较短,如气候反常或剪得过重,容易导致减产,加上时间短,大面积修剪时间不易安排,容易贻误时间,故冬季倘若不太冷时,可采用秋、冬剪,以利于越冬芽的孕育与促进春茶早发。当然,深、重剪也可采用春茶采收后进行,以减少当年产量的损失。

当前生产实际应用时,还要考虑到品种特性,一般抗寒性弱的品种,春剪则应迟些,秋剪宜早些,注意避免不良气候的影响。一般秋冬剪的,以剪后 10 天左右,日平均温度不低于 5℃～7℃,不高于 15℃时为适宜。温度过低伤口不易愈合;温度过高,腋芽又易萌发,新梢难于木质化,易造成过冬的冻害。

## 67. 茶树修剪以哪种形状为合适?

茶树修剪形状是指茶树进行修剪后树冠的形状。一般生产上采用的有水平形和弧形两种。实践证明,水平型树冠的表面积虽然相对较小,但由于平剪的树冠受光势态较优,蓬面上不论哪个方位受光一致,通风透光均匀。因此,茶芽萌发较为整齐,芽头大小比较均匀,单芽重。而弧形修剪采摘面虽大,但茶蓬四周受光不一致。所以,芽头主要集中在蓬顶,既密又较壮,而茶行两侧、茶丛四周芽头数量少、粗细不一、对夹叶多、重量轻。故弧形剪芽头虽多,产量并不一定增加,但由于采摘面大,茶芽数量多,只要肥培管理跟上,芽头亦会相应增重,还是有增产潜力的。

茶树修剪的形状确定,不能采用一刀切的办法,应该根据品种、水肥、树势、自然条件、机械使用等因素综合考虑。一般情况下,水肥中等、冬季不易受冻或茶园郁闭、顶端优势强的品种,以水平剪,甚至采用主枝压低像倒肺形修剪为宜;水肥较高、树势强、茶行未郁闭、灌木型的品种可采用弧形修剪。

## 68. 茶园修剪应注意什么?

修剪是茶树树冠的管理主要工作之一,是给茶树动了"外科手术"，对茶树是一种损伤，要大量消耗根部贮藏的物质，因此进行时要注意以下几个问题。

第一，操作要合理、工具要锋利、洁净，剪口要光滑，避免撕裂而引起细菌感染或枯死，影响萌芽。且剪口要尽量留在分枝叉口附近，减少残留小桩。

第二，修剪后要注意肥培管理，充分供应肥、水，补施钾肥，以利伤口的愈合。

第三，修剪次数要考虑茶树树体的休养生息时间，待地上部萌发新枝，制造的营养物质积累、贮藏于根部丰富后再剪第二次，以免树势衰败。

第四，修剪后要注意留养、合理采摘。未老先衰或半衰老树重剪后要坚持以养为主、采摘为辅；轻、深剪后，要坚持按树龄和采摘标准进行合理采摘，以不断培养合理的树冠。

第五，注意防治病虫害，充分发挥茶树修剪的效果。

# 69. 茶树为什么既怕旱又怕涝？

茶树怕旱。当体内水分不足时，原生质透性加大，细胞内无机盐等电解质外渗；同时光合作用受阻，呼吸作用加强，营养物质大量消耗，而呼吸作用释放出的热量又导致体温显著升高，从而加重热害；且由于旱后生理缺水，引起体内水分重新分配，代谢紊乱，并使茶树体温无法调节；加上高温强光下，叶绿素与酶的活性容易遭到破坏，当叶温超过 48℃ 时，蛋白质就会凝固，叶组织彻底被破坏，致使嫩叶灼伤、成叶泛红。

茶树怕涝。土壤水分过多，尤其是地下水位高时，土壤中水、肥、气、热平衡破坏，使茶树正常的生命过程受到影响。它破坏了土壤三相比例，导致氧气供应不足，削弱了根的正常呼吸和吸收能力,轻者影响根的生长发育,重者窒息死亡;且由于土壤过湿,通气不良,土壤下层呈嫌气反应,增加了土壤中还原性物质,如硫化氢、低铁、低锰等,从而直接给根带来毒害;加上嫌气性细菌,尤其是腐生细菌的活跃,导致了根部的腐烂。此外,在渍水条件下,土壤中活性铝的含量趋于消失,这样对菌根营养的茶树来说,也极为不利。因此,茶树是既怕旱也怕涝。

## 70. 茶树旱热害的症状及怎样预防?

南方夏、秋季节,一般多有伏旱。茶树在高温、干旱的袭击下,如果持续 8~10 天,即会出现旱热害症状。初期表现芽叶生长缓慢,大量出现对夹叶,继而顶部幼叶开始萎蔫,叶片泛红,出现焦斑、枯焦、脱落,同时茎下部的成叶也变为黄绿色、淡红、干脆,最后脱落。

就叶片受害而言,是从叶缘到支脉,由支脉到主脉,由顶端到基部,叶色由深绿初转淡绿,再转枯绿。茶苗遭受灼伤,一般是自顶部向下逐渐死亡,当根部还活着时,遇降雨或灌溉又能从根茎处抽发新芽。在通常情况下,旱害导致热害,热害加剧旱害,两者接踵发生互为影响。其预防措施如下。

**(1)选用抗旱性强的良种**

这是预防旱热害的根本措施。从品种上看,凡栅状组织细胞层数多、叶片角质层较厚、叶脉较密、叶柄短、叶色深绿的,以及小叶种的一般抗旱性强。

**(2)及时耕锄、施肥**

在旱情前进行,可以减轻土壤板结,减少表土水分蒸发,促进地上部与地下部的生长,培养健壮树势,以利于提高茶树抗逆能力,尤其土壤质地差、天气干旱的情况下显得更重要。

**(3)铺草覆盖**

借以降低地温、保持土壤潮湿、蓄水、抑制杂草滋生。时间上宜在旱季到来之前,雨后结合中耕进行。对于幼龄茶园,有的亦可选择适宜的间作物进行间作,以达防旱保苗。或者进行培土护蔸、种植遮荫树,以避免阳光直射,降温保湿。

**(4)灌溉保苗**

这是最直接最有效的抗旱热害的措施,但要结合具体条件并注意灌溉技术。

## 71. 茶树湿害的症状及怎样预防?

茶园土壤湿害使茶树生长不良。受害重时,园相上多表现缺株、缺丛严重,树势参差不齐,叶子发黄,地上部分枝少,芽叶稀,生长缓慢或停止;地下部吸收根少,侧根不开展,根层浅或水平生长,主根脱皮、枯死、腐烂和侧根发黑。涝害茶园,一般10天后嫩叶开始失去光泽,叶片发黄,生长停止;20天后嫩叶脱落,成叶萎缩;40~60天后成叶叶落、枯死。

排除湿害的根本途径是排水,根据不同类型湿害的茶园,采取不同的排水措施。对于因隔层造成的湿害,首先要进行土壤深翻,打破隔层;对于低洼积水,要选择合适的位置,开排水沟或加深原有的排水沟,排除积水;对于其他湿害,在摸清土壤水流的来路后,选择合适的位置进行排水,降低地下水位,使积水排除。而处在水塘、水库下方的茶园,应完善排水沟系统,在交接处开设深的横截沟,切断迳流与渗水。在排除积水的基础上,对受湿害的茶树进行树冠改造和根系复壮。

# 72. 茶树冻害有什么症状？怎样预防？

茶树受冻有轻有重，以叶片最敏感，其次为茶芽。受冻轻时，树冠表面叶片的尖端和边缘变为黄褐色或红色。如低温延续时间不长，天气好转，叶色尚可复原；如冻害较重、时间较长时，叶绿素遭受破坏，花青素相对增加，叶片全部变成赭石色，顶芽和上部腋芽变暗褐色，叶片呈现水渍状、淡绿无光泽，如天气放晴，水分蒸发，叶片卷缩干枯，一遇风吹，叶片即行脱落，茶树上部枝梢逐渐向下枯死。若受冻严重，地上部叶片全部枯萎脱落，枝梢干枯，有些枝条皮层出现开裂，树液流出。枝条全部或大部枯死。要针对冻害的原因采取有效预防措施。

**(1)有利环境的利用**

种植前要避免选在易冻地，如低洼、风口、海拔过高的高山区建园。建园时，要营造防护林，以便减弱风速和改善小气候。

**(2)农业技术措施的应用**

采取农业措施，提高茶树的抗寒能力。如选用抗寒性强的品种、合理密植、适时定植、合理修剪、施肥、增施磷钾肥、培养健壮的树势、适时封园、及时防治病虫害等，避免出现"恋秋"现象。

**(3)物理方法的采用**

采用多种物理方法，人工控制小气候。如建立风障、覆盖、秋季壅根培土、增施有机肥料、喷灌，提高土壤湿度等。

**(4)采用化学防护措施**

如采用化学药剂保护，以提高保温，减少蒸腾或促进枝条老熟，提高木质化程度等。一般可喷 2-萘乙酸或 200 毫克/千克的 2,4-D 生长刺激素,以抑制生长促进成熟。

## 73. 茶树有哪些主要病虫害?

据多年来不完全的调查与记录,茶树病害危害叶部的有:茶云纹叶枯病、炭疽病、轮斑病、褐色叶斑病、赤叶斑病、园赤星病、白星病、煤污病、茶饼病、网饼病等;危害枝干部的病害有:茶梢黑点病、膏药病、茶苗立枯病、菟丝子、地衣、苔藓;危害根部的病害有:白绢病、紫纹羽病、茶根线虫病等。其中以茶云纹叶枯病、炭疽病、煤污病、紫纹羽病、地衣、苔藓为常见,曾大面积发生过。

茶树虫害已知有 330 多种。其中绝大多数是昆虫(另有螨类),这些害虫咬食叶片,吮吸汁液或钻蛀枝干,为害茶树,轻则减产,重则枯死,直接影响茶叶生产的发展。在南方曾有茶毛虫、螨类、茶叶蝉、象甲、蛀梗虫(钻心虫)、茶尺蠖、茶蓑蛾、吉丁虫、刺蛾、卷叶虫、介壳虫、天牛、茶蚕等为常见。据初略估算,如此种类繁多的病虫害,长年以不同形式影响茶叶产量,总损失率约在 30%,同时影响茶叶品质,总减值率在 20% 以上。

## 74. 病虫害为什么会影响到茶叶品质?

病虫害会影响茶叶的产量,造成芽、叶、梢、枝和株等残缺、枯死的有形损失。同样,它直接对成茶的色、香、味、形有破坏性的损害。例如:螨类、蚧类、叶蝉类等吸汁虫害及茶梢蛾、天牛类钻蛀性虫害,会消耗或阻碍茶树的水分、养分,使嫩梢短小、芽瘦、毫少,易于形成驻芽,导致成茶品质降低;叶蝉类、蜻类、蓟马类、叶枯病等被害的嫩叶变脆,并有变色的斑点、条纹或病斑；象甲类、蓑蛾类、卷叶虫类等咬食嫩叶使之成缺刻、孔洞、残片，导致成茶多碎片、碎末、身骨轻、香低、味淡、叶底破杂；带有茶蚜、茶细蛾幼虫等及其排泄物污染的嫩叶，制茶汤浊、香弱、味带酸馊；有白星病、园赤星病、饼病等的病叶，成茶味苦，可见，所有这些病虫害均会直接或间接地损害到成茶的品质。此外，为防治病虫害使用有毒农药，易造成残留污染嫩叶，间接地对成茶品质有损害。如果为安全采茶，喷农药后的间隔几天又易使嫩叶粗老，影响茶的品质。

## 75. 茶树虫害主要分几种类型？

**(1) 按其世代阶段发育不同分**

完全变态(卵——→幼虫——→蛹——→成虫)与不完全变态(卵——→若虫——→成虫)两种。完全变态(图21)的茶树害虫有

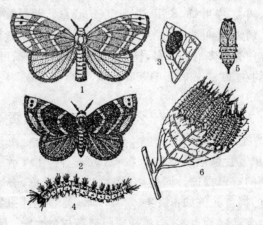

**图21　茶毛虫(完全变态)**
1. 雌成虫　2. 雄成虫　3. 卵块　4. 幼虫　5. 蛹　6. 危害状

茶尺蠖、茶毛虫、卷叶虫、蓑蛾、象甲、茶枝蛀蛾等；不完全变态（图22）的茶树害虫有茶蚜、茶叶蝉、蚧类的雌虫、绿盲椿象、茶黄蓟马、军配虫害等。

**(2)按其口器不同分**

咀嚼式口器与刺吸式口器两种。咀嚼式口器（图23）茶害虫有天牛类、吉丁虫、金龟甲、蝶蛾类幼虫等，主要吸食茶树叶片,钻蛀枝干和根部,造成叶片缺刻、孔洞、枝皮脱落折断

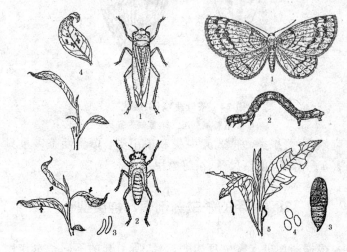

**图22　茶小绿叶蝉(不完全变态)**
　1. 成虫　2. 若虫
　3. 卵　4. 危害状

**图23　茶尺蠖(咀嚼式)**
　1. 成虫　2. 幼虫　3. 蛹
　4. 卵粒　5. 危害状

等；刺吸式口器（图24）茶害虫口器成针状,刺入茶树叶片组织,吸取汁液,如茶叶蝉、蚧类的若虫和雌虫、蚜虫和螨类等,茶树被刺吸后,芽叶萎缩、黄化、焦枯、皱卷,嫩叶畸形和穿孔等。

**(3)按食性不同分**

杂食性与单食性两种。杂食性茶害虫能为害多种作物,

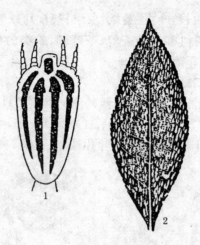

**图 24　茶叶瘿螨(刺吸式)**

1. 茶叶瘿螨形态　2. 瘿螨为害状

如刺蛾类、蓑蛾类、蛴螬、天牛类和象甲类；单食性茶害虫只为害 1 种作物,如茶尺蠖、茶籽象甲等。

# 76. 常用的杀虫药剂有几种类型?

根据药剂进入害虫身体的途径,所引起的不同杀虫作用来区分。

**(1)胃毒杀虫剂(又称胃毒剂)**

是一种从害虫胃肠进去的药剂,如敌百虫、敌敌畏等。这类药剂主要用来防治咀嚼式口器的害虫。

**(2)触杀剂**

为接触害虫身体而引起害虫中毒的药剂,适用于咀嚼式口器或刺吸式口器的害虫,使用范围较广,如溴氰菊酯、敌百虫、敌敌畏、亚胺硫磷、二溴磷、马拉硫磷、杀螟松、鱼藤酮等。

**(3)内 吸 剂**

将药剂喷到茶树枝叶上，或者处理了茶籽，被其吸收输送到树体各部分，使害虫吸其汁液时中毒而死，如乐果、马拉硫磷等。

**(4)熏 蒸 剂**

利用药剂能挥发成气体，通过害虫的气孔进入虫体，使害虫中毒而死，这类药剂多用于隐蔽的仓库、粮食害虫等，如氯化苦、氰化氢、溴甲烷等。

## 77. 目前在茶叶生产中哪些农药已禁用？

茶叶是饮料，近年来，由于化学农药用量的增加，造成污染日益严重，对人们的身体健康危害很大。目前，在茶叶生产中已有明文规定禁用与限用化学农药，其中禁用的有：三氯杀螨醇、1605、1059、六六六、DDT、甲胺磷、乙酰甲胺磷、氧化乐果、水胺硫磷、异丙磷、草甘磷除草剂、速灭杀丁（即杀灭菊酯、氰戊菊酯）、毒杀芬、七氯、氯丹、稻脚青、杀虫脒、磷胺、氟乙酰胺、苯硫磷、久效磷和呋喃丹。限用的有：乐果、辛硫磷、马拉硫磷、敌敌畏、螨酮、灭螨灵、克螨特、灭扫利、溴氰菊酯、氯氰菊酯、功夫、天王星和扑虱灵（优乐得）。

## 78. 咀嚼式口器的茶树害虫怎样防治？

咀嚼式口器的茶树害虫种类很多，一般从翅的形态特征上区分，常见的有两类：一类为鞘翅，前翅硬化成角质，不透明，没有翅脉，如象甲类、吉丁虫、天牛类等（图25）。这类害

虫一般年份发生代数少,除茶籽象甲为单食性害虫外,一般均为杂食性,且有假死性或趋光性的特点,所以防治上:一是可

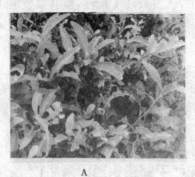

A                                                      B

**图 25　咀嚼式口器茶树害虫**

A、象甲为害症状　B、茶尺蠖幼虫为害症状

采用人工捕杀办法,如象甲类、吉丁虫类;二是灯光诱杀,如天牛、金龟子类;三是化学药剂防治,如 90％敌百虫 1 000 倍液、98％巴丹 1 000 倍液或 50％马拉硫磷1 000倍液;四是根茎部涂白,用石灰 5 千克、硫黄粉 0.5 千克、牛胶 0.25 千克和水 20 千克调成;或根部培土,减少天牛在根颈处产卵。

　　另一类为鳞翅,翅的质地薄,上面有许多鳞片,构成不同色泽、花纹。如毒蛾类的茶毛虫,暴食性蛾类的茶尺蠖、茶蚕,刺蛾类刺蛾,缀叶卷叶性蛾类的卷叶蛾和钻蛀性蛾类的茶枝蛀蛾等,此类蛾一般成虫夜晚有趋光性,年发生代数多,所以防治上可采取:一是灯光诱杀成虫;二是人工捕杀、摘除卵块;三是冬季清园、深耕灭蛹;四是药剂防治,宜采用胃毒剂防治,如害虫幼龄期用敌百虫、25％亚胺硫磷 1 000 倍液、25％溴氰菊酯6 000～8 000 倍液或 2.5％鱼藤酮 300～500 倍液、Bt 制剂300～500 倍液等。

## 79. 刺吸式口器的茶树害虫，
## 一般采用怎样的防治办法？

茶树刺吸性口器害虫一般虫体小，全年发生的代数多，有世代重叠的现象，多为不完全变态，如蚜虫、椿象、小绿叶蝉、蚧虫的雌虫等（图 26）；少数为完全变态，如蚧虫的雄虫。可采取如下防治办法进行防治。

A                                                    B

**图 26　刺吸式口器的茶树害虫**

A、小绿叶蝉为害症状　B、长白蚧为害症状

第一，越冬要搞好清园，并将受害重的有虫枝条剪除烧毁，同时早春结合积肥，铲除杂草以利通风，减少越冬成虫和消灭越冬卵块。

第二，在幼龄的若虫期进行药剂防治，一般可用低毒高效低残留的内吸剂或触杀剂，如 40％乐果 1 000～1 500 倍液、10％吡虫啉 5 000 倍液、2.5％鱼藤酮 500 倍液或 50％马拉硫磷、25％亚胺硫磷 1 000 倍液等，喷药时间宜选择益虫不活动的时间或潜伏在寄主体内时进行。

第三,保护天敌,如瓢虫和一些寄生蜂。

第四,秋茶结束后为防治蚧类,可喷洒10倍松脂合剂。

# 80. 怎样防治叶螨类害虫?

叶螨类害虫属于节肢动物门、蛛形纲。在茶树上有茶红蜘蛛、茶叶瘿螨、茶橙瘿螨、茶短须螨等(图27)。这类害虫的特点是体小、分段分节不明显,属不完全变态。1年发生10

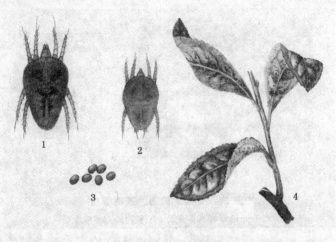

**图27 茶短须螨**

1. 成螨 2. 幼螨 3. 卵 4. 为害状

代以上,世代重叠严重,多发生在旱季,以刺吸式口器刺吸茶叶汁液,被害叶片失去光泽而变为红褐色、硬化、脱落,严重时整株枯死。为害时先形成为害中心,以后逐渐繁殖蔓延,以至扩大到整个茶园。

防治方法:一是结合冬春修剪,认真做好清园工作,把茶园间的枯枝落叶和杂草集中堆沤或烧毁,以减少虫源,对发生较重的茶园可喷洒 45％石硫合剂 200～300 倍液；二是生长季节可用 73％克螨特 1 500～2 000 倍液、20％螨死净 1 000 倍液等,喷药 7～10 天后再喷 1 次,以消灭残余和新孵化的幼虫。在茶季结束后停采期间,可用 0.3～0.5 波美度石硫合剂喷杀;三是加强母本园、苗地和移植前的喷药防治,以免随苗传播。

## 81. 使用化学农药应注意哪些事项?

**(1)了解药剂的性能**

杀虫药剂种类不同,它的杀虫性能和对不同害虫的防治效果也不同。因此,要做到合理的使用农药,首先要了解药剂性能,使之对症下药,提高防治效果。

**(2)掌握防治对象(害虫)的特点**

由于害虫的特点不同,所以采用的杀虫药剂也不一样,如治咀嚼式口器的害虫,应选用胃毒触杀剂,治刺吸式口器的害虫要选用强烈触杀或内吸作用的农药。

**(3)抓住施药适期**

各种害虫都有其不同的发生规律,在不同的生长和发育阶段中,它们的生活习性和对药剂的敏感程度往往有很大的差别。因此,要抓住害虫生育过程中的薄弱环节,如幼龄阶段喷药,以达到事半功倍的效果。

**(4)掌握配药技术、提高喷药质量**

要充分发挥药剂的作用,必须掌握配药技术,严格控制药剂浓度,讲究喷药质量,使用药均匀周到,避免用药过浓或盲目追求数量,忽视质量。同时喷药一般应在无风的晴天进行,雨天或将要下雨时不宜喷药。另外,注意药剂要尽可能地交替使用,以提高防治效果。

**(5)防止中毒**

注意人、畜的安全与残留量问题。因为农药在人体内有积累现象,且作为饮用的茶叶,使用时将不经洗涤直接冲泡,所以,要注意应用低毒、高效、残留时间短的农药,并且在茶叶停采期或冬季使用为宜。

## 82. 什么叫生物防治? 其好处如何?
## 目前在茶树应用中已见效的有哪些?

茶叶是农业组成的一部分。农业上为了防治病虫害,确保农业丰收,大量使用化学农药,结果不仅污染了环境,同时也成为今天茶叶农药残留的严重问题。为了解决茶叶生产中出现的公害问题,用生物防治茶叶病虫害,近年来已日益引起人们的重视。而所谓的生物防治,即是利用寄生性和捕食性天敌生物以及病原生物和微生物制剂,进行以虫治虫、以菌制病虫等,达到控制或消灭病虫害。其优点是节省成本;对环境无污染、对人畜无毒害;能控制或压低病虫害,达到防治与促进茶叶增产提质等效果。

目前,利用有益生物杀除茶树虫害,已有成效或初见成效的有:茶毛虫核型多角体病毒、大尺蠖核型多角体病毒、白僵菌杀除茶毛虫、丽纹象甲;苏云金杆菌(包括变种:青虫菌、杀螟杆菌、140杆菌等)杀除茶毛虫、茶蚕、卷叶蛾类、尺蠖类、刺蛾类、蓑蛾类;瓢虫捕食蚜虫、蚧类粉虱、螨类以及茶园养鸡治虫等。

## 83. 茶树病害的含义是什么？可分为几种？

茶树在生长和发育过程中，要求一定的外界条件，当外界条件能够满足它的要求时，茶树就能正常、顺利地生长发育。反之，茶树在生长过程中，如果因遭受微生物的侵害和不良环境的影响，不能正常地生长和发育，以致影响它的细胞、组织或器官的破坏，使产量降低、品质变坏、甚至死亡等现象，称之为茶树病害。引起茶树病害的因素很多，一般可分为：

**(1)非侵染性病害**

为非生物因素引起的，不传染，为生理性病害。通常包括土壤和气象因素引起，如温度过高或过低，土壤中水分过多或不足，以及营养失调等。

**(2)侵染性病害**

又称为寄生性病害，由各种病原生物侵害引起，能传染蔓延者。它包括：病毒；细菌：如细菌性根腐病；真菌：如茶云纹叶枯病（图 28）、茶炭疽病、茶白绢病（图 29）等；线虫：如根结线虫病；寄生性和附生植物：如菟丝子、苔藓、地衣等。

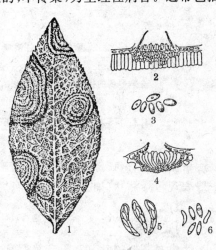

**图 28　茶云纹叶枯病**
1. 叶上症状　2. 病原菌的分生孢子盘
3. 分生孢子　4. 子囊壳
5. 子囊和子囊孢子　6. 子囊孢子

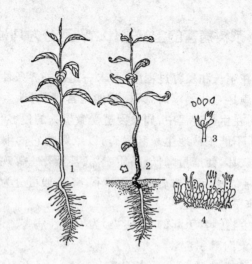

**图 29　茶白绢病**

1. 正常生长茶苗　2. 病苗症状

3. 病原菌的担子和担孢子　4. 菌丝体及子实层

## 84. 茶树病害的主要症状如何?

茶树得病后,在外形上所表现出来的反常现象称为症状。一般表现包括病状(如变色、畸形、腐烂、枯萎等)和病症(如霉层、小黑点)。

**(1)斑　点**

产生在茶树的叶、茎、果实等器官上,形状有圆形、椭圆形或不规则形等,其色泽和大小也不一致。病部组织坏死后,常呈灰白色或褐色,如茶树叶部病害。

**(2)腐烂及枯萎**

根部或根颈部受到病原体的侵染后,常引起腐烂,从而影响了水分及养料的吸收和输送,使地上部或部分枝叶枯萎,如多种根腐病。

**(3)畸 形**

茶树根、茎、叶等由于受到病原体寄生的刺激,使部分组织细胞增多,生长过度而引起的畸形,如根结线虫病。

**(4)粉状或霉状物** 在茶树发病部位上,产生粉状物或霉层,如茶饼病的白色粉状物,茶煤病的黑色霉层。

**(5)粒 状 物**

多种病原真菌的分生孢子器,子囊壳或菌丝块在茶树病部产生黑色粒状物,以及根部病害白绢病菌在病部产生褐色菜籽状菌核等。

# 85. 怎样防治真菌性病害?

在茶树中,由于真菌寄生引起的病害种类最多,危害最重。因此,所造成的损失也最大。一般茶树由于真菌引起的病害常见有:茶云纹叶枯病(图 30)、茶炭疽病、茶煤污病、茶饼病(图 31)、茶枝枯病、茶白绢病、茶紫纹羽病等,可采取以下防治方法进行防治。

**(1)栽培防治技术**

可选育抗病品种,管理好茶园,注意氮、磷、钾肥的合理配合,促使茶树生长健壮,增强茶树的抗病力。同时,结合冬季或早春清除枯枝落叶、杂草,使茶园通风透光,以减少病原体。

**(2)检疫防治**

控制苗木调运中的传播与蔓延。

**(3)物理机械防治**

焚、埋落叶枯枝、病株。

图 30　茶云纹叶枯病危害症状　　图 31　茶饼病危害症状

**(4)化学防治**

目前生产上使用的杀菌剂以保护剂为主,用喷雾方式较为普遍,常用的药剂有 80%代森锌 600～800 倍液、20%甲基托布津 1 000～1 500 倍液或停采期封园、早春使用 0.7%半量式波尔多液等。

# 86. 怎样防治地衣、苔藓?

地衣与苔藓在阴湿、衰老茶园发生普遍,分布很广,由于茶树枝干被苔藓、地衣大量附生,影响茶树的生长。从而,又加速了茶树生长势的衰弱。它们在潮湿而温暖的 3～5 月份蔓延最快,在栽培管理粗放、杂草多、日照短的阴坡衰老茶园,则有利此病的发生。其防治方法如下。

**(1)加强茶园管理**

对于受苔藓、地衣危害较重(图 32,图 33)的衰老茶树,宜进行台刈更新,台刈后要清除丛脚中的枯枝,并喷药保护切口,清除落在丛脚中的残枝等。

图 32 苔藓危害症状

图 33 地衣危害症状

**(2)人工刮除**

在非采摘季节,可用"C"形侧口的竹刮刮除,然后喷药保护。

**(3)药物防治**

在冬季喷 10%～15%石灰水、6%的烧碱水或 1%的石灰等量式的波尔多液,以兼治其他病害。

## 87. 如何防范农药中毒?

农药中毒往往发生在使用过程中,因此凡参与施用农药人员在施用时必须做好劳动保护。

第一,喷药前严格检查机械是否完好,避免损坏。

第二,喷药时应穿工作服、戴口罩,减少与皮肤接触,尤其要防止药剂浸渍伤口而中毒。

第三,严禁工作时抽烟、吃东西。

第四,注意顺风向或从上风处喷向下风处。

第五,喷药后应立即用肥皂液洗涤与药液接触的部位,以免中毒。喷药中如感觉不适或中毒,则应休息或及时医治。

## 88. 茶树为什么要进行合理采摘? 其作用如何?

种茶是为了采茶,是希望从茶树上最大限度地采下量多、质好的嫩叶,作为制茶的原料。因此,采摘既是个收获过程,同时又是初制加工的头道工序,是决定茶叶品质的基础。但是,茶树上的嫩芽叶本身是营养器官与贮藏养分的场所,所以采摘对茶树来说,又是一种直接的"摧残"。因此,人们的经济要求与茶树生存两者之间必须合理把握,使之既提供了人们满意的鲜叶,又不会损害茶树。

茶树是多年生作物,1次种,多次采、多年收的叶用植物,采了又发是茶树谋求生存的一种生理适应,当采摘摧残不甚严重时,它的生理活动是能忍受与适应的。因此,采摘好坏既关系到当前收益,又关系到今后能否长期高产、稳产、优质。如果茶树未达开采树龄而强行抢采,或只顾眼前利益,不顾长远利益盲目强采,就会损害茶树的生长和寿命,芽叶就会越来越小,产量下降,品质差;相反,如果该采不采,片面强调留养,任其新芽徒长或老化,栽培价值大减,不仅降低当轮茶叶的产量和品质,而且会妨碍后轮茶芽的萌发。因此,通过合理的采摘,能提高茶树的发芽能力,使茶树梢多、枝旺、叶多、体壮,有利增加采次,延长采摘期,做到常采不败,高产优质。因此,合理采摘有着积极地作用。

第一,能适时采摘,不断促进新梢的萌发生长,保持茶树有旺盛的生理功能,增加新梢生长轮次、批次,既照顾目前利益,又符合长远的利益。

第二,能正确地处理数量和质量的关系,不断地取得高产优质的效果。

第三,能适应所制茶类加工原料的基本要求,并兼顾同一茶类不同等级对原料的要求。

第四,能调节当地采摘劳力的安排,提高劳动生产率,降低人为的采茶"高峰期",以发挥厂房、设备的最大效能。

## 89. 茶树不同采摘技术与产量、品质的关系如何?

茶叶采摘的好坏,直接影响茶树的生长和鲜叶的品质。其相关性很明显。

其一,成龄茶树采摘要适时,那种把推迟采摘当作提高单产措施,是既不现实又会使品质明显下降,还会影响到下轮茶的萌发。因为生产中,从茶树树冠新梢叶片着生情况来看,在一般管理条件的自然生长下,春梢中以 2、3、4 叶占得多,其比例达 70%～80%;6、7、8 叶占得很少。因此,如欲推迟开采,期待采一芽四叶以上的芽叶来提高产量,事实上对 70%～80%芽梢是不可能的。且随着采摘期的延迟,得到的仅能是过熟的驻芽新梢,或下部老化的叶片。况且,早采能早发,适时采比迟采茶芽能早发 3～5 天。

其二,采、留要适宜。实践表明,第一批春茶采摘后,第二批茶芽萌发情况随不同留叶情况而不同,留鱼叶的腋芽萌发率约占留鱼叶总桩数的 64％；留 1 叶的占留 1 叶总桩数的 75％；而留 2 叶的腋芽第二批萌发的比例不到 15％。因此，第一批春茶以鲜叶产量和第二批茶芽萌发的情况来考虑留养的话，以留鱼叶和部分留 1 叶为合适。以后各批采摘可视情况适当增加留叶，并提早封园，以保证茶树有一定数量的叶片与足够的越冬休眠芽过冬，为翌年春茶打好基础。

其三，迟采、粗老采严重影响成茶品质。就单个生长势强的芽梢来说，随着新梢的生长，从芽到一芽三叶，产量成倍增长，进入一芽四叶以后，增长量明显下降，且随着芽梢的伸育，有利于提高成茶品质的内含成分显著降低，如咖啡碱、多酚类化合物、蛋白质、氨基酸等水溶性成分减少，而对品质不利的成分，如全果胶、粗纤维等大量增加。因此，提高单位面积产量，如果企图从时间上采取推迟采摘去片面追求数量，必然会造成采老叶、制粗茶，严重妨碍品质的提高，这样从产值，特别是从经济效益上来看，是得不偿失的。正如茶区民谚："前三天是宝，迟三天是草。"反映了适时采摘的重要性。因此，只有根据茶树生长的具体情况和不同茶类的要求，按采摘标准适当留叶、采大留小、分批勤采，才能达到增产幅度大，鲜叶品质优良的目的。

## 90. 不同茶类要求的采摘标准如何?

采摘标准是实现合理采摘的主要环节。它是指从一定的新梢上采下芽叶的大小与多少而言。不同茶类对鲜叶原料要求很不一致，其采摘标准如下。

### (1)白茶、特级绿茶

要求细嫩采。即从新梢上采摘初萌发的芽、一芽一叶或初展的二叶,原料要求细嫩,用以制造细茶。

**(2)红、绿茶**

要求适中采,采下一芽二三叶的芽叶及同等嫩度的对夹叶,这种采法产量、品质都较为优越,经济效益高(图34)。

图34 红、绿茶采摘一芽二、三叶及嫩的对夹叶

**(3)乌 龙 茶**

要求粗老采。即待新梢充分成熟,顶端形成驻芽,然后采下驻芽2~3叶,其中,闽南乌龙以小开面至中开面为宜;闽北乌龙以中开面至大开面为宜。如果采摘过嫩,不仅加工过程芽尖易碎,而且香气不高,滋味不浓,不能充分显示该类茶的独特风味(图35)。

图35 乌龙茶采摘芽梢开面程度
1. 小开面 2. 中开面 3. 大开面

# 91. 标准采摘的主要依据是什么？
## 适时采摘如何确定？

确定采摘标准，主要的依据是茶树新梢的生化组成和茶类对鲜叶的嫩度要求。

据研究，茶树新梢在生长发育过程中，各种组成成分的含量变化具有明显的规律性。其中茶多酚、水浸出物、氨基酸、儿茶素等与茶叶品质有密切关系的生化物质，一般是随着新梢生育的老化而下降，其含量高峰的出现总是在新梢的一芽三四叶以内，以芽和一芽二叶的含量为高。因此，各地名茶对鲜叶的嫩度要求高，其季节性强，只有在春季前期采摘，用工大、产量低；而普通红、绿茶为大宗茶，要求嫩度适中，一芽二三叶采，全年采摘批次多，采期长；特种茶、边销茶的嫩度要求较低，一般要求到新梢快成熟或成熟时采摘。

适时采摘是根据留叶采的原理和按标准采的嫩度要求，及时分批地把芽叶采下来，其中心内容是开采期、采摘周期和封园期的掌握。

**(1)开花期**

开采期的掌握，据各地的经验，宜早不宜迟，以略早为好。一般红、绿茶区，用手工分批采摘的，春季当茶蓬上有10%～15%的新梢达到采摘标准，夏、秋季有10%左右的新梢达到采摘标准时，即要开采。

**(2)采摘周期**

指采批之间的间隔期。一般红、绿茶春季手工采摘以3～5天为宜，夏、秋茶以5～7天为宜。

### (3) 封 园 期

指秋季停采期。一般地说,封园迟有利当年增产,但不利于培养树势、休养生息和安全越冬,会影响翌年的增产;反之封园早,对当年产量有一定的影响,但有利于培养树势和翌年茶叶增产。掌握的原则:凡冬季气温低、培肥水平低、长势弱宜早,反之可稍迟些。

## 92. 红、绿茶适时早采有哪些现实意义?

第一,适时早采能收到高产优质的效果,扩大高档茶比例,有效地提高茶园的经济效益。

第二,有利于调节采制茶的劳动力。采茶动手迟,必然带来采茶批次少、茶季短、"洪峰"高度集中的状况,从而不利于采摘劳力与加工设备的调剂,实行适时早采后,动手早、批次多,茶季长,"洪峰"低,这样采摘利于"长流水、不断线,采工少、采量多。"

第三,有利岔开农活忙季,挖掘夏、秋茶潜力。适时早采之后,一季早,季季早,赢得了农业生产上的全面主动,特别是对二三季茶十分有利,使夏茶赶在夏收前,"暑茶"与"双抢"期错开。

## 93. 茶园不同发育阶段应如何进行合理采摘?

### (1) 幼年茶树的采摘

对幼年茶树主要在于培养骨架、促进分枝、扩大树冠为目的。采摘必须坚持"以养为主、以采为辅、打顶护边、采高养低、多留少采、轻采养蓬"的原则,以保护茶蓬快速生长,提早成园。其开采树龄,视茶树生长势而定,一般二次定剪前,严禁采摘。二次定剪后,长势强,茶园培肥管理好的,可在春末打顶采,夏、秋梢留二三叶采;树势弱的,树高不足 50 厘米,应延迟到夏茶时或 3 足龄后开始打顶采。茶园 3 次定剪后,凡骨干枝基本形成,采摘方法上,上半年应少采多留,下半年多采少留,春、夏可留二叶采(图 36),秋季留一叶采(图 37),并注意采强养弱,采高留低,采顶养侧。

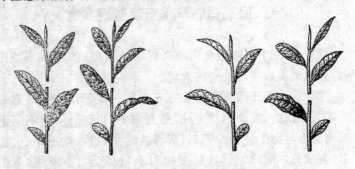

图 36　留二叶采摘法　　　图 37　留一叶采摘法

### (2)青年阶段正式投产初期

仍应掌握以养为主,适当地采收,采用"疏脚、打顶、留表"的采留方法,及时采收丛里、下脚对夹叶;适时摘去顶芽,对树冠表层嫩梢应多留叶,以利养壮树势,扩大树冠。采摘方法上,实行春茶留 1～2 叶采,夏茶留 1 叶,秋茶留鱼叶采(图 38)。

### (3)成龄茶园茶树的采摘

一般树冠大而茂密,生长健壮,茶树根系已布满茶行,枝叶生长旺盛。因此,成龄树应以采为主,以养为辅,多采少留,采养结合为原则,以加强营养生长,减少花果数,延长丰产年限。一般采摘方法,以春、秋留鱼叶采,夏季留 1 叶采;采摘

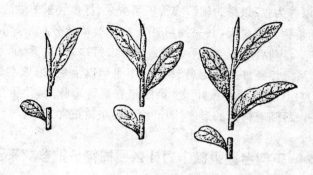

**图 38　留鱼叶采摘法**

要及时、分批,先发先采,后发后采;树势弱的则春、夏要留 1
叶采。

**(4)老年茶树的采摘**

由于经过多年采摘,茶树生理功能衰退,育芽能力减弱,
芽叶瘦小,故采摘的任务是要延缓衰老的进展,注意酌情留叶
养树。其采留方法应视衰老程度而异,一般枝条生长较健壮、
育芽能力尚好的,可采用春留鱼叶,夏季之前适当轻剪,剪后
树梢留 1～2 叶采;树势弱、老的,可采取春、夏留鱼叶采,秋
茶少采或停采,集中留养的办法,以恢复树势。

**(5)更新树的采摘**

更新后的茶树,头 1～2 年生长旺盛,顶端优势强烈,此期
应配合修剪,合理采摘,以便重新养好茶蓬,扩大树幅。在树
冠尚未丰满前,应特别强调要以养为主,采养结合的原则,采
的目的主要不是收获,而只是作为配合修剪养好茶树的一种
手段。一般重剪后翌年春末打头采,夏留 2 叶,秋留鱼叶;第
三年春、夏留 1 叶采,秋留鱼叶采;以后,待茶蓬、树势达到成
龄茶园标准时,即正式投产。

台刈茶树应与幼年茶树一样,头 1～2 年内的采摘,应强

调"以养为主、以采为辅",实行多留少采、打顶轻采的做法,以后随着树冠的扩大,其采摘可逐渐按标准留叶分批采。具体做法:台刈后第一年不采;第二年春末打顶采,夏、秋少采多留;第三年经过二次定剪、树高 50 厘米以上后,采取春留 2 叶、夏留 1 叶、秋留鱼叶采;第四年春夏留 1 叶采,秋留鱼叶采;以后随着树冠的形成,即可按成龄茶树正常开采。

## 94. 茶树合理采摘中为什么要贯彻分批多次采?

茶树由于品种、地势及新梢生长部位的不同,发芽有先有后的不一致性,表现为顶芽先发、侧芽后发;强枝先发、弱枝后发;主枝先发、侧枝后发;蓬面先发、蓬心后发,使新梢的形成保持不同速度,表现了每茶季芽的萌发有一定的连续性和集中性。根据这一特性,我们可通过分批多次采,做到先发先采,后发后采,使采下的鲜叶嫩度一致,有利于提高品质。同时,由于及时采下先发的芽叶,就能刺激其他营养芽的不断分化和加快侧芽的萌发,促使茶树新陈代谢更为旺盛,可采得更多芽叶,并使采期加长,提高了产量。因此分批多次采的作用,一是可调节顶侧芽和树冠生长的平衡;二是能维持营养物质不致脱节;三是可调节劳力和抑制高峰;四是增加产量、提高品质。

从目前南方成龄茶园情况看,一般绿茶春季每隔 4~5 天可采 1 批,全季采 6~7 批;夏季每隔 5~6 天采 1 批,全季采 5~6 批;秋季每隔 6~7 天采 1 批,全年可采 20~30 批。当然,对于一块茶园,具体应分几批采,还得五看:即应视品种、气候、茶龄、肥培管理条件及茶类要求而定。

# 95. 对夹叶形成的原因是什么？

**(1)顶端优势的影响**

使遭到抑制的侧芽、下部芽、边侧芽有机营养条件不良，难于萌发，即使萌发，亦易过早形成驻芽，导致对夹叶出现。

**(2)阶段发育的影响**

凡茶树生理年龄愈小，营养生长势就愈旺盛，对 2～3 叶也就愈少；生理学年龄愈老，则营养生长势就愈弱，形成对 2～3 叶就愈多。

**(3)生殖生长的影响**

春季，茶树花芽尚未分化，越冬幼果膨大甚缓，营养生长旺盛，正常芽叶的比例往往较大。夏季，花芽开始分化，幼果逐渐膨大，营养生长转向生殖生长，尽管气温高、新梢生长速度快，但养分逐渐不足，为此对夹叶的比例大为增多。秋季，茶果日趋成熟，花蕾逐渐膨大、进而开放，使营养更加分散，对夹叶形成的数量更大。

**(4)根的生长和代谢的影响**

据观察，茶树新根生长活跃的时间，一般地上部对夹叶大量形成，说明地下部的生长发育对茶树地上部新梢的生长和休止起着促进与控制的节律作用。

**(5)叶片的生长和代谢的影响**

不合理的采摘与老叶脱落，新叶生长缓慢，造成绿色营养面"青黄不接"，有机营养暂时失调，而出现对夹叶增多。

**(6)天气因素的影响**

冬季温暖，夏、秋干旱，容易造成大量对夹叶的出现。

**(7)不良的农业技术措施的影响**

如不适当的耕锄,造成大量的伤根,使地上部、地下部供求平衡失调;强烈不合理的采摘,引起生机衰退;少施肥或不均匀施肥,造成茶树饥饿或局部饥饿;因病虫害而不适时防治或农药造成药害;不修剪或过深修剪、又不留养等,都能造成对夹叶的大量发生。

## 96. 控制对夹叶形成有哪些措施?

**(1)选用良种**

提高正常芽叶的比例。

**(2)培养低型树冠、增大根冠比值**

这可以缩短地上、地下部运输距离,加强物质的运输与交换,增强地下部水分、无机盐等营养的供应能力。

**(3)实行重剪复壮**

使正常芽叶的比重增加,对夹叶的比例下降。

**(4)加强肥培管理**

满足茶树对营养的需要,提高正常芽叶的比重,减少对夹叶的发生。

**(5)实行合理采摘**

提高采摘下树率,不仅可提高产量,促进下轮芽多发,且可减少对夹叶的发生。

此外,旱季灌溉、及时防治病虫害、控制花果数等均为减少对夹叶发生率的良好措施。

## 97. 目前人工采摘存在的问题及应注意事项？

目前生产上采茶尚未机械化，采摘上仍以人工为主。因此合理采摘的贯彻，必须依靠人工来执行。但是，目前人工采茶除效率较低外，尚有认识不足，技术不得法等问题，以致出现用手扭采、捋采、抓采等现象，破坏树冠培养、损伤茶芽、老嫩不一、芽叶破碎、混杂等严重，既影响茶树生长，又影响品质的提高。因此，合理采摘还要配合良好的采摘技术。正确的采摘技术，在手法上一般可分：掐采——以采细嫩茶为主，此法采量少、效率低；提手采——适于适中采，此法每天可采10～15千克，鲜叶质量也好；双手采——为高工效的手采法，精力集中，看得准、手勤脚快，要求手法快而稳，不落叶、不损叶。总结各地经验，人工采摘要采好茶，技术上应注意：

第一，根据茶树新梢生长动态，掌握季节，抓住标准开采，及时分批多次采。

第二，做到五采五养："采高养低、采面养底、采中养侧、采密养稀、采大养小"。

第三，采时注意正确手法，不捋采、扭采、抓采，不采伤芽叶、采碎叶片，不采下老叶、单片。

第四，采下芽叶要重视保"鲜"，手中不握紧、篮中不压紧，避免发热、伤害叶质。

第五，每批采摘时，要尽可能把采面上的对夹叶采下。

## 98. 机采有什么优点与不足，应用中应注意什么？

采茶是茶叶生产中占用劳力最多、季节性最强的作业。

随着生产的发展,茶区劳力矛盾已很突出,只有尽快地实现采茶机械化,才能适应茶叶生产发展的需要。机采的优点,主要在于采茶工效高,可以节省大量劳力,一般生产效率要比手采高 10 倍左右。但目前存在的不足,主要是机采鲜叶质量低于手采,存在芽叶破碎、混杂和老梗、老叶、漏采等缺点,因此,仅适于做中、低档茶。

目前研制的采茶机还不具有选择的功能,没有选择性,只能采摘树冠面上的芽叶,如果茶树树冠不平整,发芽不整齐,生长势不旺盛,往往就会影响机采的效果,而且也会影响茶叶的质量。因此使用机采:一要注意必须对机采茶园树冠进行必要的培养,以适应机械采摘;二要准备实行机采的茶树,应注意树冠高度控制在 60~90 厘米为宜;树冠面要进行深剪,使之发芽整齐、旺盛;灌木型茶树树冠面宜采用弧形,小乔木型采用水平形;连续机采,树势易削弱,且芽头密集、新梢展叶数减少,对夹叶增多,百芽重减轻。因此,要加强肥培管理,进行周期深剪、抗旱保水等农艺措施,复壮树势;三要抓茶园的基础管理,如合理布置茶行、选择发芽比较整齐一致的品种;四要在有条件的茶区,提倡平时手采、高峰期机采相结合,这样有利解决产量、质量与峰期劳力间的矛盾。

## 99. 鲜叶质量如何评价?

抓好鲜叶管理,对指导采工、调动采工积极性有很大作用,同时也是保证加工质量提高的一个重要环节。鲜叶采下后,进厂要验青,其质量的好坏,可由对鲜叶的嫩、鲜、净、匀程度进行评价来决定。

**(1)嫩　度**

指芽叶伸育的成熟度。评定时按茶类要求,一般红、绿茶对嫩度的要求为 1 芽 2～3 叶和同等嫩度的对夹叶。白茶、特级绿茶要求其芽叶的顶芽含苞、1 叶尚未完全开展、茎梗嫩脆。

**(2)鲜　度**

指保持鲜叶原有理化性质的程度。一般叶色光润是新鲜的象征,凡引起鲜叶发热红变,有异味及其他劣变者应予降级,并另行归堆处理。

**(3)净　度**

指鲜叶中夹杂物的含量。轻的应降等降级,重的应予剔除,然后进行验收。

**(4)匀　度**

指同批鲜叶理化性状保持一致的程度。凡品种混杂、老嫩、大小不一、雨露青混杂的,均会影响制茶品质,评级时应视情况评定等级。

总之,鲜叶通过验青、评价,做到级别分清,品种分清,干湿分清。早青、晚青分清,既有利于在采茶中按质论价,亦便于付制中分级加工。


## 100. 采摘后鲜叶装运、贮放应注意哪些事项?

茶树芽叶采下后,在装运、贮放时应注意的事项:一要保持鲜叶的新鲜度;二要不使鲜叶发生劣变。

影响鲜叶新鲜度与劣变的因素是多方面的。首先,要注意防止叶温升高,以免叶子发热变红;其次,要注意防止机械损伤,避免盛装鲜叶的器具通气不良或装运时挤压过紧;第三,要注意防止产生异味和劣变,盛装的器具要卫生,在运送时,要把老叶与嫩叶、雨露叶与晴天叶、新鲜叶与变质叶、良种叶与一般叶分开装篓后及时运送,要求做到不压紧、不损伤、不发热、不红变、不夹杂。

鲜叶贮放应保持低温(室温在 25℃ 以下)、高湿(相对湿度在 90%～95%)的条件,贮放鲜叶的场所要阴凉、清洁、空气流通。鲜叶摊放的厚度不宜过厚,春茶以 15～20 厘米为宜,夏、秋茶以 10～15 厘米,嫩叶要薄、老叶略厚;气温高时要薄、气温低时略厚;雨水青宜薄、晴天青略厚等等。贮放中要经常检查,如有发热应及时小心翻拌,避免损伤、叶子红变。且摊青时间一般不宜超过 18 小时,要掌握"先收先制、顺序付制",不能摊放过久,以最大限度地发挥原料的经济价值。

## 101. 为什么要进行低产茶园的改造?

前几年,茶叶生产发展很快,面积不断扩大,产量连年增长。但是,就开采茶园产量来看,目前平均单产还很低,绝大部分茶园管理仍处于"半耕半荒"的粗放状态,茶树生长势差,植株矮小不壮,缺株断垄现象比较普遍,且面积不实,所以严重地影响了茶园单产水平与经济效益的提高,挫伤了群众种茶的积极性。当前,无数事实证明,改造低产、巩固提高现有茶园,对改变低产面貌、提高茶园经济效益,已是一项势在必行的增产增值措施。

况且,改造低产茶园,比新建茶园投资要小、见效大、速度快,为事半功倍、行之有效的一个措施,不单潜力很大,而且大有作为。目前,我国丰产记录不乏其例,小面积单产上 500 千克/667 平方米的有了样板,大面积如全省、全县的茶园,也有连续多年单产平均上 50 千克/667 平方米的典型,实践证明,只要针对茶园存在的问题，对症下药，认真地进行改造，完全可以使我国茶叶生产更上一层楼。

## 102. 造成低产茶园的原因是什么？

第一，树龄老、树势衰退。茶树进入老年阶段后，由于茶树衰老，代谢水平降低，生命活动减弱，根系生长衰退，因此造成树势衰退，鸡爪枝增多，枝干不断干枯死亡，地蕨枝出现，地衣、苔藓寄生，以致产量、品质大大降低。

第二，茶园先天不足，生态条件不良，基础差、水土流失严重。由于建园时选择环境不当，开园时下基本功不够，如深垦、下肥、开梯台、种植品种、规格等不讲究质量，造成土层浅薄、通气保水能力差，土壤水、肥、气、热不协调，因此肥力基础差、茶树生长衰弱；有的茶园未经修筑水平梯层，造成"三跑"状态、茶根裸露，影响地上部正常生长。

第三，茶园后天失管，造成缺株断垄、茶丛稀疏，导致茶树未老先衰。由于重种轻管，造成缺丛严重，降低了土地与光能的利用率。或由于未经系统修剪，肥培管理跟不上，采摘粗放，实行强采不注意留养，造成枝稀芽少，导致茶树营养生长差、干物质积累少、单产低，引起早衰。

## 103. 低产茶园改造的内容包括几个方面？

由于低产茶园普遍情况是"稀、老、衰"，所以改造中，应以改土、治水为中心，进行"三改一补"，其中改良土壤和改造园地应是改造低产园的主攻措施。在茶树立地条件改变后，应进一步改造树冠，加强茶园管理，就能使低产茶园迅速复壮投产、达到改造的目的。其内容包括以下几个方面。

**(1)改造园地**

目的在于改变茶树的立地条件和茶树的群体结构,变"三跑园"(跑水、跑土、跑肥)为"三保园"(保水、保土、保肥)。具体要求为修复等高水平梯园、搞好排、蓄水系统。

**(2)改良土壤**

深翻改土,提高肥力,目的是为更新复壮茶树创造良好的条件。具体措施为深翻改土、增施有机肥、茶园铺草复盖等。

**(3)改造树冠、复壮树势**

其目的是利用茶树再生特性,通过更新枝干、复壮树势、恢复树体的青春活力。具体措施应根据茶树衰老程度,因树制宜地采用台刈或重剪等方法。

**(4)补植换种**

"密"与"种"是丰产前提,补植换种目的是改变茶园群体结构、补植缺株、更换劣、杂种。具体措施为:移植归并、茶苗补缺、以新代老、改植良种等。

# 104. 衰老茶树为什么经过更新可以复壮?

**(1)茶树茎部在阶段发育上具有异质性**

茶树和其他高等植物一样,茎组织在阶段发育上具有异质性。茎的下部在时间上虽先形成,年龄比较老,但就阶段性来说,却是比较年轻的。因此,台刈、修剪可以降低枝条的阶段性,使之具有旺盛的生活力。

**(2)茶树根颈具有强烈的再生能力**

它不但有为数可观的潜伏芽,而且能形成大量的不定芽和不定根,人为地进行台刈、重剪就能不同程度地抑制顶端生长优势,刺激根颈部枝条上不定芽和潜伏芽的迅速生长,形成新的年轻树冠。

**(3)地上部与地下部具有相对平衡性**

当地上部台刈、修剪后,打破了原来的平衡,既可阻止或减弱生长素极性运输,降低其浓度,又可诱导内部养分的再分配;地下部利用贮藏与吸取的营养物质,能进一步在根颈部聚集向上运送,刺激地上部新梢的萌发,迅速恢复生长。

**(4)根颈部营养物质的利用与分配**

通过台刈、重剪,生长点大量减少,相对地增加了养分和水分的供应量,并有利于养分的运输,且剪去部分枝条后,碳/氮比率变小,相对地增加了氮素营养,从而可大大地促进地上部的营养生长。

## 105. 如何确定茶树台刈、重剪的周期?

实践证明,茶树进行台刈(图 39)、重剪(图 40),虽然能复壮树势,但措施的本身也是对茶树机体的一次创伤,它必然引起消耗根部大量的营养物质。因此,经常采用这种方法,尤其是台刈,往往会使茶树机体早衰、土壤肥力枯竭、茶树寿命缩短。但是,衰老与半衰退老茶树不采取更新措施,又达不到复壮树冠的目的,长期处于低产状态。因此,在生产管理上应加强肥管,尽量延长更新年限,并在半衰老阶段,以重剪代替台刈的办法复壮树冠,而且重剪的周期也不宜太短。

目前,一般认为,在现有管理条件下,根据树势衰弱程度,重剪周期以 10～15 年进行 1 次;台刈周期约 20～25 年 1 次。同时,生产实践还告诉我们,半衰老茶树,倘若不采用重剪复壮树势,而采用台刈更新,不但经济效果差,而且还会造

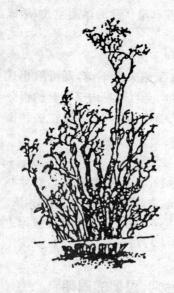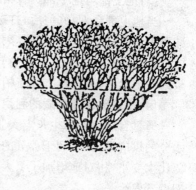

图 39　茶树台刈　　　　　·图 40　茶树重修剪

成不必要的减产。因此,需要很好地掌握。

确定半衰老茶树的方法,一般要四看:一看生长量:在正常年景与肥培条件下,如果春茶产量大于夏茶加秋茶产量,其春茶占年产量的 50%～70%,夏茶占 20%～30%,秋茶占 10%～20%者;二看对夹叶含量:一般中、小叶种对夹叶含量达 50%～60%以上;三看树冠枯枝与鸡爪枝状况:呈增多状况;四看芽梢重量:中、小叶种标准芽梢均重在 0.15 克以下,大叶种为 0.3 克以下。

一般来说,凡衰老茶树均要进行更新复壮,但一个生产单位为稳定茶叶产量、保证单位经济收入,要注意更新面积比例,一般不宜超过该单位采摘总面积的 5%～10%,即宜采用逐年按比例更新复壮茶园的办法,以保证稳定的产量。

# 106. 为什么树冠更新后还要强调护理工作?

台刈、重剪或抽薹仅仅是树冠更新的起点,它还必须配合改造后的护理工作,才能确保茶树复壮,变低产为高产,否则"重剪采、轻肥培",结果只能使头几年树势恢复了,产量上升后又很快地下降,不能达到改造的目的,故要重视改后的护理工作。

**(1)增施肥料、加强肥培管理**

树冠改造后,由于人为地使之创伤,加上茶树更新后,要大量地萌发新生枝叶和根系才能复壮树势,故特别需要肥料的供应,严格做到:"无肥不改树,改树必施肥";要水足肥丰,茶树才能复壮成林。因此,凡台刈、重剪的茶园除要深翻或深耕、施足基肥外,还应增施一定数量的氮、磷、钾无机盐养分,使其尽快地形成新的绿叶层。

**(2)修剪疏枝、建立合理的剪采制度**

树冠改造后由于不定芽大量萌发成为新枝,如过于浓密,应进行除弱蓄壮,疏去细弱枝,保留壮枝 20 根左右。改造后的树冠,树高控制在 70～90 厘米、冠幅 100 厘米以上较为恰当。更新后茶树一般当年秋、冬季或翌年的早春进行第一次定剪,次年再进行 1 次定剪或轻剪,以后每年提高 10～15 厘米,直至树冠定型为止。

更新后的茶树,生长旺盛,枝梢长、芽叶壮、采摘方便,所以建立合理的采摘管理,是培养树冠的重要环节,否则会降低茶树更新的效果。更新后茶树的采摘,前期应特别强调,以养为主、以采为辅,在树冠尚未丰满之前,采摘的目的主要不是收获,而只是作为配合修剪、养好茶树的一种手段。其合理的采摘制度,可参照幼龄茶树的采摘进行。

**(3)防治病虫**

茶树更新后,由于枝叶繁茂、芽梢肥壮,容易受到病虫为害,为此,需对母树残桩及茶树周围进行彻底喷药防治,尤其要注意螨类、蚜虫、小绿叶蝉、茶尺蠖等的为害。

# 107. 什么是绿色食品和有机茶?

绿色食品是遵循可持续发展原则,按照特定的生产方式生产的,经专门机构认定,许可使用绿色食品标志商标的无污染、安全、优质、营养类食品。由于这类食品是出自较佳生态环境,因此,定名为绿色食品。

有机茶最早于斯里兰卡生产。它是在无任何污染的产地、按有机农业生产体系和方法生产出鲜叶原料,在加工、包装、贮运过程中不受任何化学物品污染,并经有机茶认证机构审查颁证的茶叶。因此,有机茶是绿色食品,是纯天然、无污染的保健食品。由于它减少了大量施用化学肥料、农药对土壤与环境造成的严重污染,是高品味、高质量的健康饮品。因此,符合国家环境保护的基本国策,也适应了当今人们日益增强的健康保健意识。

# 108. 有机茶与常规茶有什么区别?

有机茶与常规茶的区别:一是从产品外观上看,很难区分两者差别。但是常规茶叶产品的质量审定,通常是通过终端产品的审定来实现,不考虑或很少考虑生产和加工过程。而有机茶产品的质量审定,不仅要对终端产品进行必要的检测,更重要的是审查产品在生产、加工、贮藏和运输过程中是否可能受到各种污染的影响。特别是茶叶生产者要开发有机茶需要经过申请、检查和颁证几个程序,认证机构要对申请者的茶园、茶叶加工厂和贸易情况进行实地检查,并采集样品和检查生产全过程有关记录。二是常规茶叶种植过程中,通常使用化肥和农药,而有机产品在种植和加工过程中,禁止使用任何农用化学品和所有人工合成的助剂,这不仅保护了农田生态系统,而且丰富了生物多样性,使环境、生物、人类和谐共处。三是消费者从市场上购买有机茶,若发现质量问题,可以通过有机产品的质量跟踪记录系统,追查全过程的各个环节(茶园和农户),这是常规茶所不具备的。

## 109. 为什么要开发有机茶?

有机农业、有机食品和有机茶系 20 世纪 80 年代后期才传入我国,并开始受到茶叶界的重视。发展有机茶有如下突出好处:

第一,因为有机茶是属于有机农业、朝阳产业,它与当今生存环境呼唤有机农业、中国加入 WTO 需要有机农业、社会发展要求有机农业、农民致富盼望有机农业相适应。

第二,该产品是一种技术进步,是一种纯天然、无污染的保健饮品,代表着 21 世纪生态农业的发展方向,是促进农产品升级换代的重要举措。

第三,有机茶的开发,有利于出口,该产品国际市场广阔,且以年增长率 20% 增长,尚处于成长期。因此,目前呈现供不应求趋势,所以投资者有很大的发展空间。

## 110. 有机茶园对生态环境质量有什么要求？

有机茶园是指采用与自然和生态法则相协调的一种种植方式的茶园，它可以是常规茶园的转换，也可以是荒芜茶园的改造恢复，或是新植茶园。其基地建设必须符合生态环境质量要求，茶园周围林木繁茂，具有生物多样性。具体要求：

第一，茶园空气清新，大气环境质量应符合 GB 3095—1966 中规定的一级标准要求。

第二，茶园灌溉水水质纯净，质量应符合 GB 5084—1992 中规定的旱作农田灌溉水质要求。

第三，茶园土壤未受污染，土壤环境质量应符合 GB 15618—1995 中规定的一类环境质量，重金属含量限值（毫克/千克）为镉[Cd]≤0.2，汞[Hg]≤0.15，砷[As]≤15，铜[Cu]≤50，铅[Pb]≤35，铬[Cr]≤90。

## 111. 有机茶园对生态环境保护有什么要求？

有机茶园的基地建设是有机茶生产的基础，它除对生态环境有严格要求外，还要注意对其生态环境进行一定的保护，它要求远离城市和工业区，以及村庄与公路，以防止城市垃圾、灰尘、废气及过多人为活动给茶叶带来污染。

此外，有机茶园与常规茶园之间必须有隔离带。隔离带以山河、湖泊、自然植物等天然屏障为宜，也可以是道路、人工树木和作物。隔离带宽度不得小于 9 米，如果隔离带上种植农作物，必须按有机方式栽培。对茶园中原有的树木，只要对茶树生长无不良影响，应当保留并加以抚育，使之成为茶园的行道树或遮荫树。

新建茶园坡度应不超过 25°角,在山坡上种植茶树,山顶、山谷、溪边须留自然植被,不得开垦或消除。在坡地种植茶树,要沿等高线或修梯田进行栽种,对梯地茶园梯壁上的杂草要以割代锄。

## 112. 常规茶园如何向有机茶园转换?

若常规茶园的生态环境质量符合有机茶标准,经 24~36 个月的转换期,可以从常规茶园转换为有机茶园。在转换期间,按有机茶标准的要求进行有机茶管理,不使用任何禁止使用的物质。同时,生产者必须有一个明确的、完善的、可操作的方案,该方案包括:茶园及其栽培管理前 3 年的历史情况;保护和改善茶园生态环境的技术措施;能持续供应茶园肥料,增加土壤肥力的计划和措施;防治和减少茶园病虫害的计划和措施等。

经有机认证机构认证,可以颁发"转换期有机茶"证书。在转换计划执行期间,有机认证机构将对其进行检查,若不能达到颁证标准要求,将延长转换期限。

荒芜 3 年以上重新改造的茶园,可视为符合最低要求,而减免转换期;新开垦荒地种植的茶园也可减免转换期,可以直接申请认证。如果有可以信服的证明材料,证明 3 年内的生产管理技术,符合有机茶标准最低要求,可以申请认证。

## 113. 有机茶园使用肥料的原则是什么?

第一,有机茶园禁止使用化学合成肥料,禁止使用含有有毒、有害物质、垃圾和污染物的肥料。

第二，人、畜、禽粪尿等使用前必须经过无害化处理，严禁使用未经处理的人、畜、禽粪尿。

第三，使用有机肥原则上就地生产、就地使用。商品化有机肥、有机复混肥、叶面肥料、微生物肥料等，在使用前必须明确已经得到有机认证机构的颁证或许可。叶面肥料最后1次喷施，必须在采摘前20天进行。使用微生物肥料时，要严格按照使用说明书的要求操作。

第四，所有有机或无机（矿物源）肥料，应对环境和茶叶品质不造成不良后果，防止因施肥而污染环境和茶叶。

# 114. 有机茶园允许使用什么肥料？

**(1)有机肥**

畜、禽粪（经无害化处理）、绿肥、饼肥等。

**(2)微生物肥料**

固氮菌肥、磷细菌肥、复合微生物肥料等。

**(3)半有机肥料**

加入适量的微量营养元素制成的有机肥料。

**(4)无机"矿质"肥料**

如矿物钾肥、矿物磷肥（磷矿粉）、钙镁磷肥、石灰等。

**(5)叶面肥料**

微量元素的叶面肥（如铁、锰、锌、硼、钼等为主配制的肥料）和含有植物辅助物质的叶面肥料等。

**(6)其他肥料**

不含有毒物质的产品、副产品如骨粉、家禽家畜加工废料、糖厂废料等制成的肥料。

# 115. 有机茶园病虫害防治原则是什么？

有机茶园禁止使用化学农药，倡导应用综合的生态学方法，控制作物病虫害，通过农艺措施，辅之以生物、物理防治技术，并利用一些植物性农药和有机茶生产标准中允许使用的矿物源农药，充分利用生物间的相生相克原理，以抑制它们的爆发，将其控制在经济危害水平之下。其主要技术措施如下。

**(1)保护茶园生物群落结构，维持茶园生态平衡**

创造不利于病虫孳生和有利于各类天敌繁衍的环境条件，保持茶园生态系统的平衡和生物群落的多样性，增强茶园自然生态调控能力。

**(2)采用农业技术措施，加强茶园栽培管理**

茶园栽培管理既是茶叶生产过程中的主要技术措施，又是害虫防治的重要手段，它具有预防和长期控制害虫的作用。如新植茶园应选择抗病虫品种；在秋、冬季节，适时施用农家肥，以养护土壤、培育壮树；在采摘季节及时分批多次采摘，及时修剪以改变病虫生长的环境条件，并把病虫枝叶带出茶园；适时锄草与耕作，可减少杂草与茶树争肥、争水、争光；适当间作，在茶园适度种植遮荫树，可增加茶园生态系统的多样性，减轻病虫危害；合理施肥灌水，培育土壤，可改善茶树营养条件，生长健康，提高茶树对病虫害的抵抗力及补偿能力。

**(3)保护和利用天敌资源，提高自然生物防治能力**

有机茶首先要加强天敌保护，给天敌创造良好的生态环境，如茶园周围可种植杉、棕、苦楝等防护林和行道树；幼龄茶园间种绿肥；夏、冬季茶树行间铺草，均可给天敌创造良好的栖息、繁殖场所。同时,结合农业措施保护天敌,把茶园修剪、台刈下来的茶树枝叶,先集中堆放在茶园附近,让天敌飞回茶园后再处理;此外,放养天敌和建立天敌营养基地。以及利用生物制剂防治茶树害虫,如苏云金杆菌(BT)制剂,防治茶毛虫、茶黑毒蛾等鳞翅目害虫;白僵菌防治茶丽纹象甲和假眼小绿叶蝉;病毒制剂用于防治茶尺蠖、茶黑毒蛾等鳞翅目幼虫;真菌制剂防治黑刺粉虱等。

**(4)利用物理法防治措施**

如包括人工捕杀和灯光诱杀;性外激素干扰,破坏害虫正常生理活动;以及改变病虫适于生存的环境条件等方法,降低害虫虫口密度。

**(5)根据有机茶标准,可有条件地选择使用植物源农药和矿物源农药**

植物源农药如苦楝素、除虫菊、鱼藤酮等(由于植物源农药对益虫也有杀伤作用,所以只在不得已时才能使用)。矿物源农药如石硫合剂等,可用于防治茶叶螨类、小绿叶蝉和茶树病害,但应严格控制在冬季非采茶季节使用。

# 116. 为什么要进行有机茶认证? 认证内容有哪些?

由于有机农业生产有保护环境和改善食品品质的价值,但不能通过其最终产品直接体现出来,为了维护生产者和消费者的合法权益,保证有机茶的质量,必须对有机茶的生产过程和最终产品进行监督认证,而这种监督和认证,在国内外都是由公开的第三方即认证机构来进行的。

有机茶产品的认证,主要是通过认证机构委托检查员对有机茶种植、加工和销售过程中的各个环节,进行检查和审核,并委托权威质检机构对样品进行必要的样品检测。认证的内容包括:有机茶园的生态环境、土壤的肥培管理、病虫草害治理、鲜叶采摘、运输以及贮藏和产品销售过程等诸多的质量跟踪环节。

## 117. 茶叶生产为什么要讲究经济效果?

茶叶生产是商品生产。讲究经济效果,首先,可以促使生产者讲求实效,有助于促进增产增收,加速茶叶生产的发展。以往,我们考察单位面积产量和一定土地面积的总产量,即土地生产率是完全必要的,但不能只看生产成果而忽视生产消耗,因为如果增产部分的价值还不如因此而多付出的劳动和生产资料的价值大,那就得不偿失。必须从生产成果和生产消耗两方面的比较中,即所费与所得的比例关系中,才能明确说明其经济效果,即在所费相同的情况下,所得越多,经济效果就越好;或在所得相同的情况下,所费越少,经济效果越好。

其次,讲究经济效果,有助于改善农业的经济管理。如如何规划农业生产的发展,制定农业生产计划,采取什么样的技术措施,怎样组织劳动,采用什么样的生产责任制和计酬形式等。我国幅员辽阔,各地自然资源和社会经济条件千差万别,各个地区和各企业都有自己的有利条件和不足之处,发展茶叶生产应该趋利避害,扬长避短,充分发挥自己的有利条件,争取以最少的劳动消耗和劳动占用取得最多、最好的生产效果。

## 118. 茶叶生产中常用的经济效果指标有哪些？

人们的一切实践活动都有效果问题。茶叶生产经济效果，就应表现在茶叶生产过程中，劳动的节约、茶叶品质的提高和产量的增长，以及茶叶成本的下降与经济收益的增加等方面。在评价茶叶生产经济效果时，需要确定一些具体指标，一般常用的有 3 类。

**(1)资源利用指标**

①**土地生产率指标**　如单位面积产量（产量/面积）；单位面积产值（产值/面积）。

②**劳动生产率指标**　指在茶叶生产中，单位产品数量内所包含的劳动时间。

其计算公式为：劳动生产率＝茶叶数量/劳动时间

为此提高劳动生产率，就意味着单位时间内生产更多的茶叶或生产每 500 克茶叶所需要的劳动时间的减少。而从劳动生产率计算公式中可计算每工日产量，每工日产值，每工日净产值。

**(2)日常费用效果指标**

如茶叶单位产品成本（生产成本/产品产量）；单位面积纯收入（纯收入/面积）。

**(3)长期费用效果指标**

如基建投资回收率（年）＝基建投资总额/平均年盈利增加值；以及资金产品率指标：如

固定资金占用产品率（％）＝产量或产值/固定资金额×100％

流动资金占用产品率（％）＝产量或产值/流动资金额×

100％

## 119. 评价茶叶生产经济效果应注意哪些问题？

**(1)正确处理局部效果与整体效果的关系**

考虑茶叶生产经济效果，既要照顾到局部的经济效果，又要从自然规律、资源的利用、生态平衡、环境保护等整体观点来全面衡量。

**(2)正确处理目前效果与长远效果的关系**

茶树是多年生植物，对土地、劳力、物资的投放，不能只顾眼前的经济效果，还应考虑到长远效果，做到长期增产。

**(3)正确处理单项效果与综合效果的关系**

因为茶叶生产本身有单项的技术措施，也有综合性的技术措施，只有综合技术措施的配合，才能达到均衡增产、增收。

## 120. 怎样才算是最好的经济效果？

**(1)最佳的经济效果，应当是全面的**

如生产成果、劳动消耗、资源利用、投资与资金回收以及生态平衡、环境保护等各方面情况应达到最佳状态；如在同样的经济效果中，选择劳动消耗少、资源利用合理、投资少且回收期短的，有利于生态平衡的方案或同样的劳动消耗，资源利用、物资和资金使用情况基本相同，选择其效果最大的。

**(2)最佳经济效果，应当是数量和质量的统一**

茶叶生产不仅要看数量，而且要看质量，如果产量提高了，但是品质下降，就必须把两者综合起来进行统一折算，才能确定其经济效果是否最佳。

**(3)最佳经济效果,应当是产、供、销过程的顺畅**

因为茶叶是商品生产,存在着商品交换、供需的关系与市场的问题。因此,生产必须考虑消费者的需要,了解市场信息,这样才能使商品适销对路,货畅其流。